W0259265

Untersuchungen

über

Raumgewicht und Druckfestigkeit

des

Holzes wichtiger Waldbäume

ausgeführt von

der Preussischen Hauptstation des forstlichen Versuchswesens zu Eberswalde

und

der mechanisch-technischen Versuchsanstalt zu Charlottenburg.

Bearbeitet

von

Dr. Adam Schwappach,

Königl. Preuss. Forstmeister, Professor an der Königl. Forstakademie Eberswalde und Abtheilungs-Dirigent bei der Preuss. Hauptstation des forstlichen Versuchswesens.

II. Fichte, Weisstanne, Weymuthskiefer und Rothbuche.

Mit vier Tafeln.

Springer-Verlag Berlin Heidelberg GmbH

1898.

Additional material to this book can be downloaded from http://extras.springer.com.

ISBN 978-3-662-37332-3 ISBN 978-3-662-38071-0 (eBook)
DOI 10.1007/978-3-662-38071-0

Inhaltsangabe.

I. Einleitung.

Der zweite Band der Untersuchungen über Raumgewicht und Druckfestigkeit des Holzes wichtiger Waldbäume sollte dem im ersten Bande (S. 3) angegebenen Plane gemäss die Ergebnisse für: Fichte, Weisstanne und Weymuthskiefer bringen. Ich habe mich jedoch entschlossen, jene der Rothbuche, welche bereits in der Zeitschrift für Forst- und Jagdwesen[1]) veröffentlicht sind, hier ebenfalls beizufügen.

Die Ursache hierfür liegt darin, dass ich in der Zeitschrift das Grundlagenmaterial nicht in der Ausführlichkeit mittheilen konnte, wie es für die übrigen Holzarten in einer besonderen Veröffentlichung möglich war. Da ich eine Fortsetzung dieser ausserordentlich mühsamen Arbeit, wenigstens vorläufig, nicht beabsichtige, so würde sich ausserdem vielleicht überhaupt keine Gelegenheit geboten haben, die mannigfacher Verwerthung fähigen Messungen weiteren Kreisen zugänglich zu machen. Der Text, welcher die Ergebnisse darstellt, konnte im Hinblick auf den Artikel in der Zeitschrift für Forst- und Jagdwesen und die Einleitung zum 1. Band dieser Untersuchungen erheblich kürzer gefasst werden, ist aber auch nach den weiter gesammelten Erfahrungen theilweise neu bearbeitet.

Bezüglich der Untersuchungsmethode kann ich mich auf die Darstellungen in Band I S. 5 ff. beziehen.

Eine Erweiterung ist nur zu dem Zweck eingetreten, um den Zusammenhang zwischen Lufttrockengewicht, absolutem Trockengewicht und Druckfestigkeit einwandsfrei festzustellen. Zu diesem Behufe sind für: Fichte, Weisstanne u. Weymuthskiefer, wie ich bereits in Band I S. 49 angegeben, einer grösseren

---

[1]) Beiträge zur Kenntniss der Qualität des Rothbuchenholzes, Zeitschrift für Forst- und Jagdwesen 1894 S. 513.

Anzahl von Prismen, aus welchen die Druckkörper gefertigt wurden, Scheiben zur Bestimmung des absoluten Trockengewichtes entnommen worden (Fig. 1). Die Berechnung des Lufttrockengewichtes der Probekörper erfolgte auf Grund der auf Zehntel Millimeter genauen Ausmessung der Druckkörper und der Wägung unmittelbar vor Ausführung der Druckprobe.

Fig 1.

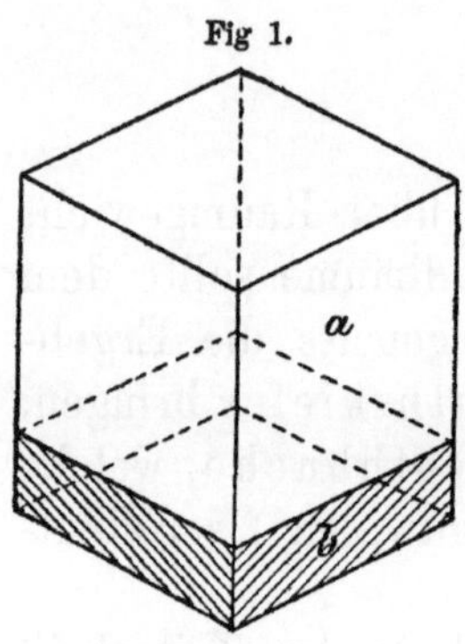

a) Druckkörper.
b) Scheibe zur Bestimmung des absoluten Trockengewichts.

Aus dem spezifischen Trockengewicht dieser Prismen und dem Lufttrockengewicht der zugehörigen Druckkörper sind die gesetzmässigen Beziehungen zwischen dem spezifischen Trockengewicht und dem Lufttrockengewicht abgeleitet worden.

Es hat sich hierbei ergeben, dass bei dem kleinen Volumen der Druckkörper und der ebenso sorgfältigen, als gleichmässigen Austrocknung, welche $1^{1}/_{2}$—2 Jahre dauerte und durch periodische Wägungen kontrolirt wurde, ein regelmässiger Zusammenhang zwischen den beiden Beträgen besteht, welcher sehr wohl zur Untersuchung des Zusammenhanges zwischen Raumgewicht und Druckfestigkeit benutzt werden kann.

Ich halte mich verpflichtet, auch an dieser Stelle den Herrn Professoren Martens und Rudeloff wieder meinen besten Dank für ihre Mitwirkung und für die nach jeder Richtung bereitwilligst gewährte Unterstützung auszusprechen.

I. Fichte.

Das ursprüngliche Verbreitungsgebiet der Fichte in Preussen umfasst vier räumlich weit getrennte Bezirke: Ostpreussen, Schlesien, Thüringen und den Harz. In Schlesien lässt sich nochmals das Vorkommen im Gebirge (Sudeten) von jenem der Ebene unterscheiden, ebenso liegen auch vor dem eigentlichen Massiv des Harzgebirges Vorberge, in welchem die Fichte ebenfalls wohl von jeher heimisch war und welche theilweise, wie z. B. die Oberförsterei Westerhof durch ein ganz hervorragendes Gedeihen der Fichte ausgezeichnet sind.

Nach dem Plane, welcher diesen Untersuchungen zu Grunde liegt, soll hauptsächlich der Einfluss des Standortes auf die Holzqualität ermittelt werden. Gerade bei der Fichte bot dieses Vorkommen in klimatisch und geographisch recht verschiedenen Gebieten eine vorzügliche Gelegenheit zur Erörterung dieser Frage und ist daher das Untersuchungsmaterial aus sämmtlichen vorgenannten Waldungen entnommen worden. Leider war es nicht möglich, Ostpreussen in wünschenswerther Weise zu berücksichtigen, da hier infolge des Nonnenfrasses ältere geschlossene Fichtenbestände nahezu vollständig fehlen. Die noch vorhandenen Reste der Altbestände sind entweder stark durchlichtet oder bilden nur Horste von verschiedener Grösse. Da nun hier die Entwickelung durch den Lichtstand erheblich beeinflusst wird, so konnten zur Untersuchung nur Stämme von ca. 40jährigem Alter herangezogen werden, welche für diese Frage nur untergeordnete Bedeutung besitzen.

Von den im Ganzen untersuchten 60 Fichten stammen:

4 (Nr. 1—4) aus Ostpreussen.
14 (Nr. 5—18) aus den Sudeten,
9 (Nr. 19—27) aus der schlesischen Ebene,
16 (Nr. 28—43) aus Thüringen,
4 (Nr. 44—47) aus Westerhof (Vorharz),
13 (Nr. 48—60) aus dem eigentlichen Harz.

I. Spezifisches Trockengewicht und Schwindeverhältnisse.

Ueber das spezifische Trockengewicht der Fichte und deren Volumenschwindung liegen bereits eingehende Arbeiten von Hartig [1]) und Anderen [2]) vor, welche zwar in der Hauptsache diese Verhältnisse am Einzelstamm bezw. im einzelnen Bestand untersuchen, aber theilweise auch die Frage bezüglich des Einflusses des Standortes auf das Raumgewicht erörtern.

An letztere wird im Folgenden anzuknüpfen sein, während das Verhalten des Einzelstammes nach den von mir gemachten Untersuchungen im Hinblick auf die genannten Arbeiten nur kurz besprochen zu werden braucht.

Das Raumgewicht zeigt bei der Fichte in verschiedener Stammhöhe nicht den regelmässigen Verlauf, wie bei Kiefer und Weymuthskiefer.

Untersucht man diese Verhältnisse bei den nach Wachsthumsgebiet, Alter und Standortsgüte gleichartigen Stämmen Nr. 5, 6, 7, 8, 13, 14, 15, 16, 17 und 18 der Oberförstereien Carlsberg und Reinerz, so berechnen sich für verschiedene Höhenlagen vom Stamm folgende Durchschnittswerthe des spezifischen Trockengewichtes der Sektionen:

Höhe am Stamm:	1	4	9	13	17	21	25	29 m
Raumgewicht:	436	447	438	439	441	437	437	447.

Das Maximum des Raumgewichtes liegt demnach bei der Fichte nicht in den untersten Stammtheilen, sondern etwas höher, etwa bei 4—6 m, ein zweites Maximum, aber nicht von gleicher Höhe findet sich etwa in der Stammmitte, innerhalb der Krone steigt das Gewicht, ebenso wie bei anderen Holzarten erheblich an.

Von diesen Stellen abgesehen, ist das Raumgewicht am Stamm allenthalben ziemlich gleich hoch.

Ueber den Zusammenhang zwischen Alter und Raumgewicht bemerkt Hartig (F. N. Z. 1892 S. 222): „Die Zunahme der Holzqualität mit dem Alter ist eine zweifache: das im höheren

---

[1]) Hartig, Die Verschiedenheit in der Qualität und im anatomischen Bau des Fichtenholzes, Forstl. Naturwissenschaftl. Zeitschr. 1892 S. 209.

Hartig, der Wachsthumsgang der Fichten im Bayerischen Wald, daselbst 1893. S. 49.

[2]) Bertog, Untersuchungen über den Wuchs und das Holz der Weisstanne und Fichte, daselbst 1895. S. 173.

Alter erzeugte Holz ist in der Regel besser, als das in der Jugend erzeugte, zweitens nimmt das letztere bei dem Uebergang aus dem Splintzustand in Kernholz an Güte zu".

Ferner daselbst Jahrgang 1893, S. 55: „In unseren modernen Fichtenbeständen beträgt die Güte des Holzes in der Jugend ein Minimum und nimmt mit dem Alter gesetzmässig zu."

Bertog hat die gesetzmässige Steigerung nur bis zum 70jährigen Alter gefunden, später soll nach ihm das Raumgewicht verschiedene Schwankungen zeigen.

Die Ergebnisse meiner Untersuchungen sind zahlenmässig in Tabelle I und graphisch auf Tafel I dargestellt, des Vergleiches wegen sind auf letzterer auch die interessanten Untersuchungen Hartigs über die Fichten des bayerischen Waldes, sowie die von ihm und Bertog an Fichten der bayerischen Hochebene ermittelten Werthe zur Anschauung gebracht.

Bei Betrachtung von Tafel I treten bezüglich des Ganges des Raumgewichtes in den jüngeren und mittleren Lebensaltern drei verschiedene Typen hervor:

In der Mehrzahl der dargestellten Fälle ist das Raumgewicht in der Jugend am geringsten und steigt dann bis etwa zum 100jährigen Alter ziemlich gleichmässig an.

Andere Bestände, welche auf der Tafel nur durch „Thüringen" vertreten sind, haben in der Jugend ein verhältnissmässig hohes Raumgewicht. Dieses sinkt dann zunächst im Alter von 40 bis 60 Jahren auf ein Raumgewicht herab, welches dem Durchschnitt für die betr. Periode entspricht und entwickelt sich wie in den erstgenannten Fällen weiter.

Eine dritte Gruppe von Beständen, welche in der Tafel durch zwei Schaulinien von Beständen des bayerischen Waldes vertreten ist, zeigt in den Altersstufen, für welche Messungen vorliegen, nur eine Abnahme des Raumgewichtes.

Die Erklärung für dieses anscheinend ganz unregelmässige Verhalten ist in der ungleich raschen Entwicklung dieser Bestände in der Jugend zu suchen.

Wie ich schon im Band I S. 14—16 dieser Untersuchungen im Anschluss an die Arbeiten von Hartig und Bertog über die Fichte näher erörtert habe, besitzt bei der Kiefer und ebenso auch bei der Fichte und Weisstanne das in der Jugend gebildete Holz trotz gleicher Wandstärke dann ein relativ hohes Raumgewicht, wenn die gebildeten Zellen verhältnismässig sehr klein sind.

Bei Begründung der Fichtenbestände auf Kahlflächen, welche bei dieser Holzart schon seit langer Zeit in vielen Gegenden die Regel bildet, beginnt schon nach kurzer Zeit ein sehr lebhaftes Höhenwachsthum und hiermit zugleich die Bildung von langgestreckten, dünnwandigen Zellen, deren Stärke späterhin allmählich zunimmt. Bei der Bildung von dreissigjährigen Altersstufen hat alsdann die jüngste das geringste Gewicht.

Wenn dagegen langsame Naturverjüngung vorliegt oder die Bestände auf geringem Boden stocken, dann zeigt das in der ersten Periode erzeugte Holz infolge der Bildung von sehr kleinen, wenn auch dünnwandigen Zellen ein relativ hohes Raumgewicht, nach Hinwegnahme des Schirmbestandes oder wenn auf geringem Standort Schluss eingetreten ist, beginnt die normale Entwicklung und mit Eintritt lebhafteren Längenwachsthumes zunächst ein Sinken des Raumgewichtes.

Dieses ist in den von mir untersuchten Fällen bei den älteren Beständen des Thüringerwaldes sowie bei einem auf V. Bodenklasse und der für dortige Verhältnisse sehr beträchtlichen Höhe von 900 m stockenden Bestand der Oberförsterei Suhl der Fall.

In den extremsten Fällen, welche durch die von Hartig untersuchten Gruppen IV, VI und VII der Fichten des bayerischen Waldes vertreten sind, dauert diese langsame Entwicklung nicht wie bei Naturverjüngung oder im Mittelgebirge auf geringem Standort nur eine verhältnissmässig kurze Zeit, sondern so lange, dass sich dieses sogenannte Jugendstadium unmittelbar an jene Periode anschliesst, in welcher auch unter sonstigen Umständen bei der Fichte das Raumgewicht abnimmt.

Die Stämme der Hartig'schen Gruppe VI waren stets, jene der Gruppe IV immerhin doch bis zum 100jährigen Alter unter Schirm gestanden, die Gruppe VII umfasst Stämme aus der sehr hohen Lage von 1200 m, wo geschlossener Bestand schon nicht mehr vorkommt.

Dagegen zeigen die Hartig'schen Gruppen I und II bei 700—800 m auf Kahlflächen erwachsen, auch im bayerischen Wald den für diese Begründungsweise normalen Entwicklungsgang.

Etwa vom 100jährigen Alter ab, theilweise schon etwas früher, hört die regelmässige Zunahme des Gewichtes meist auf und zeigt dieses mannigfache Schwankungen, bald Gleichbleiben, bald Sinken oder auch wieder Ansteigen.

Nur unter den günstigsten Verhältnissen, wie sie namentlich durch Westerhof und Thüringen dargestellt sind, dauert die

Tabelle I.

Durchschnittliches spezifisches Trockengewicht

des in den verschiedenen Zuwachsperioden erzeugten Holzes.

Altersklasse	a) Trockenvolumen. Trockengewicht pro Kubikmeter Trockenvolumen in der Periode						b) Frischvolumen. Trockengewicht pro Kubikmeter Frischvolumen in der Periode						Anzahl der untersuchten Stämme
	0/30	31/60	61/90	91/120	121/150	151/180	0/30	31/60	61/90	91/120	121/150	151/180	
Jahre	Kilogramm						Kilogramm						
1. Ostpreussen													
31-60	386	432	—	—	—	—	339	374	—	—	—	—	4
2. Schlesien (Gebirge) — I. u. II. Standortsklasse													
91-120	381	410	457	472	—	—	338	361	395	404	—	—	10
III. Standortsklasse													
151-180	414	430	441	428	419	427	360	378	387	378	369	377	4
3. Schlesien (Ebene) — I. u. II. Standortsklasse													
91-120	420	439	488	507	—	—	366	383	420	434	—	—	6
121-180	—	446	468	479	484	505	—	388	405	418	427	442	3
91-180	420	441	481	495	484	505	366	384	415	427	426	442	9
4. Thüringen — I., II. u. III. Standortsklasse													
61-90	429	465	502	—	—	—	378	400	432	—	—	—	3
91-120	411	444	462	484	—	—	360	384	397	413	—	—	4
121-150	450	439	479	493	—	—	394	380	410	425	—	—	4
151-180	—	374	402	470	508	—	—	335	357	402	434	—	1
61-110	419	453	479	484	—	—	367	391	412	413	—	—	7
111-180	450	426	463	489	508	—	364	371	399	421	434	—	5
V. Standortsklasse													
61-90	462	432	461	482	—	—	400	378	399	413	—	—	4
5. Westerhof (Vorharz) — I. Standortsklasse													
121-150	460	478	506	522	542	—	395	413	432	447	459	—	4

Altersklasse	a) Trockenvolumen						b) Frischvolumen						Anzahl der untersuchten Stämme
	Trockengewicht pro Kubikmeter Trockenvolumen in der Periode						Trockengewicht pro Kubikmeter Frischvolumen in der Periode						
	0/30	31/60	61/90	91/120	121/150	151/180	0/30	31/60	61/90	91/120	121/150	151/180	
Jahre	Kilogramm						Kilogramm						
6. Harz													
II. Standortsklasse.													
61-90	421	406	448	—	—	—	365	353	390	—	—	—	3
I. Standortsklasse													
151-180	393	425	463	466	461	453	336	365	396	397	391	388	3
III. Standortsklasse													
151-180	399	437	453	453	439	472	342	374	390	390	383	402	3
IV. Standortsklasse													
61-90	400	425	452	—	—	—	351	367	391	—	—	—	4
61-90	410	417	450	—	—	—	357	361	390	—	—	—	7
151-180	396	431	458	459	450	459	339	370	392	393	387	393	6

Zunahme des Raumgewichtes ohne Unterbrechung und gleichmässig auch noch in höheren Lebensaltern fort.

Die Ansicht Hartigs, dass das einmal gebildete Holz bei dem Uebergang vom Splintz um Kern ebenfalls an Güte zunehme, ähnlich wie ich dieses für die Kiefer nachgewiesen habe (Band I S. 18) wird durch meine Untersuchungen nicht bestätigt.

Die Zahlen der Stämme aus Thüringen, welche wegen ihrer Zugehörigkeit zu verschiedenen Altersklassen und Perioden für eine derartige Betrachtung am meisten ins Gewicht fallen, lassen eine gesetzmässige Veränderung des in einer Periode gebildeten Holzes durchaus nicht erkennen, das Gleiche gilt auch für Schlesien und den Harz (vgl. Tabelle I).

Widerlegt wird diese Hartig'sche Ansicht namentlich auch durch das weiter unten näher zu besprechende Verhalten der Volumenschwindung in verschiedenen Altersstufen, welches sich wesentlich anders gestaltet, als Hartig behauptete.

Sehr störend wirkt bei den Untersuchungen über die Güte des Fichtenholzes die auch von Hartig hervorgehobene grosse Verschiedenheit der Stämme des gleichen Bestandes hinsichtlich des Raumgewichts und ebenso auch hinsichtlich der Druckfestigkeit. Es bedarf daher stets einer verhältnissmässig grossen Anzahl von Messungen, um brauchbare Durchschnittswerthe zu erlangen.

Zur Beurtheilung des Einflusses von Wachsthumsgebiet und Standortsgüte auf das Raumgewicht dienen die Zusammenstellung der periodischen Raumgewichte in Tabelle I und die graphische Darstellung auf Tafel I sowie die Tabelle II, welche einen Ueberblick über das Durchschnittsgewicht ganzer Stämme giebt. In Tabelle I und II sind je zwei Gruppen von Standortsklassen (I., II. und III. einerseits, IV. und V. andererseits) gebildet, um eine genügende Anzahl von Einzelbeobachtungen für den Durchschnitt zur Verfügung zu haben; ebenso sind in Tabelle I die 30jährigen Altersklassen aus dem gleichen Grund unter dem Strich nochmals zu Klassen mit weiteren Altersgrenzen zusammengefasst worden.

Tabelle II.

Durchschnittliches specifisches Trockengewicht ganzer Stämme.

Wachsthumsgebiet	I., II. u. III. Standortsklasse						IV. u. V. Standortskl.	
	Altersklasse unter 60 Jahren	Anzahl der Stämme	Altersklasse 61—120 Jahre	Anzahl der Stämme	Altersklasse über 120 Jahre	Anzahl der Stämme	Altersklasse 61—120 Jahre	Anzahl der Stämme
Ostpreussen .	416	4	—	—	—	—	—	—
Schlesien, Gebirge . . .	—	—	439	10	426	4	—	—
Schlesien, Ebene . .	—	—	467	6	477	3	—	—
Thüringen .	—	—	458	7	471	5	453	4
Westerhof .	—	—	—	—	510	4	—	—
Harz . . .	—	—	432	3	448	6	439	4

Die Zahlen der beiden Tabellen, noch deutlicher aber die Darstellung von Tafel I zeigen, welch' bedeutenden Einfluss das Wachsthumsgebiet auf das Raumgewicht der Fichte besitzt. Die Extreme liegen unter Berücksichtigung der ungünstigen Lagen des bayerischen Waldes erheblich weiter auseinander als bei der Kiefer, indem die Raumgewichte hier nur etwa zwischen 0,43 und 0,50, bei der Fichte aber zwischen 0,39 und 0,51 schwanken.

Obenan stehen die Stämme aus Westerhof mit einem Raumgewicht von 51, welches jenem des besten märkischen Kiefernholzes gleichkommt. Stamm No. 46 mit einem Raumgewicht von 536 wird nur von einem einzigen Kiefernstamm (No. 14) mit 549 übertroffen.

An Westerhof schliessen sich die schlesischen Reviere der Ebene mit einem Raumgewicht von 47 an.

Sodann kommt eine Gruppe von Wachsthumsgebieten mit einem Raumgewicht zwischen 44 und 46, welchem die Hauptmasse der besseren deutschen Fichtenwaldungen angehört. Hierher gehört vor allem Thüringen, welches namentlich durch die Steigerung des Raumgewichtes mit dem Alter ausgezeichnet ist, ferner der Harz und die besseren Standorte der Sudeten (Plänerkalk).

Wie Tafel I zeigt, schliesst sich dieser Gruppe auch die Fichte der bayerischen Hochebene an, ebenso dürften die besseren Bestände des bayerischen Waldes ebenfalls hierher zu rechnen sein.

Geringeres Raumgewicht, etwa 43 zeigen bereits die auf Quadersandstein stockenden Bestände der Sudeten.

Am ungünstigsten stellen sich die Bestände des bayerischen Waldes dar, welchen die Stämme der Gruppe I, II und VII entnommen sind, indem sie nur ein Raumgewicht von 39—40 besitzen.

Um Ostpreussen hier einreihen zu können, sind für Schlesien (Ebene), Thüringen und Harz die Durchschnittswerthe der betreffenden Stämme im 60jährigen Alter zusammengestellt worden, hierbei ergiebt sich folgende Reihe:

Schlesien	Thüringen	Ostpreussen	Harz
436	436	416	401

Es lässt sich hiernach annehmen, dass die älteren ostpreussischen Bestände sich der dritten Gruppe mit dem Raumgewicht zwischen 44—46 anschliessen werden.

Die in den beiden Tabellen enthaltenen Zahlen, noch klarer aber die graphische Darstellung, auf deren Wiedergabe wegen der Kostenersparniss verzichtet wurde, zeigen, dass die Unterschiede zwischen den Wachsthumsgebieten in der Jugend geringer sind, mit zunehmendem Alter aber immer schärfer und deutlicher hervortreten.

Den Einfluss der Standortsgüte auf das Raumgewicht bei gleichem Wachsthumsgebiet hat Hartig wiederholt betont.

In dem von mir untersuchten Material tritt auch ein kleiner Unterschied zu Ungunsten der geringeren Standorte hervor, immerhin ist dieser aber erheblich geringer als bei der Kiefer und reicht bei weitem nicht an den Einfluss des Wachsthumsgebietes heran.

Der Grund hierfür dürfte namentlich in der bereits erwähnten grossen Verschiedenheit im Raumgewichte der Stämme des gleichen Bestandes zu suchen sein.

Für die Erörterung des Einflusses der Standortsgüte auf das Raumgewicht kommt bei mir folgendes Material in Betracht:

Vor allem der Bestand der Oberförsterei Suhl in 900 m Meereshöhe V. Bonität im Vergleich zu den besseren Beständen dieses Gebietes gleichen Alters, erstere besitzt ein Raumgewicht von 453 gegenüber einem solchen von 458 der letzteren.

Am Harz ist in der Oberförsterei Schulenberg ein Bestand von 760 m Meereshöhe auf IV. Standortsgüte untersucht worden, an der oberen Grenze des geschlossenen Waldgebietes, er zeigt ein Raumgewicht von 439, während der 200 m tiefer gelegene Vergleichsbestand der Oberförsterei Elend II. Bonität nur ein solches von 432 aufweist. Wenn man aber auch selbst diesen Bestand, als unverhältnissmässig geringwerthig, ausser Acht lässt, so steht der Bestand von Schulenberg nur wenig gegen die erheblich besseren und älteren der Oberförsterei Oderhaus mit einem Raumgewicht von 448 zurück.

In den Sudeten sind die auf Plänerkalk erwachsenen vorzüglichen Bestände von anderen daselbst vorkommenden geringerer Bonität, welche auf Quadersandstein stocken, scharf unterschieden.

Erstere besitzen nach Tabelle II ein Raumgewicht von 439, letztere ein solches von 426. Der Bestand auf Quadersandstein, welchem das Untersuchungsmaterial entnommen ist, besitzt jedoch ein Alter von 165 Jahren, die Bestände auf Plänerkalk nur ein solches von 110—120. Berechnet man für den Bestand auf Quadersandstein das Gewicht im 120jährigen Alter, so findet man hierfür ebenfalls 439.

Letzteres ist aber, wie die Betrachtung von Tafel I zeigt, hauptsächlich auf die langsame Jugendentwicklung zurückzuführen. Während das Gewicht des nach dem 90. Jahre erzeugten Holzes für den Bestand auf Quadersandstein ungefähr gleich bleibt, hat die Schaulinie der Plänerkalkbestände eine entschieden ansteigende Tendenz und würde ihr Raumgewicht bei höherem Alter jenem der Bestände auf Quadersandstein wahrscheinlich entschieden überlegen sein.

Die Volumenschwindung am Einzelstamm wird in ihrem durchschnittlichen Verlauf durch folgende Reihe dargestellt:

bei	1	4	9	13 m	Höhe vom Stamm
beträgt das Schwindeprozent:	13,4	14,0	13,7	13,1	
bei	17	21	25	29 m	Höhe vom Stamm
beträgt das Schwindeprozent:	12,8	12,1	12,3	11,0	

Die unteren Stammtheile schwinden also stärker als die oberen, das Maximum liegt etwa bei 4 m, von hier an nimmt das Schwindeprozent nach oben hin ziemlich gleichmässig ab, im unteren Theil der Krone ist die Volumenschwindung am geringsten.

Ueber die Verhältnisse der Volumenschwindung in verschiedenen Altersklassen und Altersperioden giebt Tabelle III Aufschluss.

Tabelle III.

Altersklasse	In der Altersperiode					
	0—30	31—60	61—90	91—120	121—150	151—180
	Schwindeprozent					
31—60	9,2	13,2	—	—	—	—
61—90	13,0	13,2	13,5	—	—	—
91—120	11,7	12,4	13,4	13,8	—	—
121—150	13,9	13,7	14,0	13,7	14,0	—
151—180	14,2	13,6	13,6	13,6	13,4	12,7

Die jüngsten Holzschichten schwinden demnach in jeder Altersklasse am stärksten, eine Ausnahme machen hier, ebenso wie bei der Kiefer, nur die sehr alten, über 150jährigen Stämme, bei denen das jüngste Holz weniger stark schwindet als älteres.

Diese Zahlen zeigen einen vollständig anderen Verlauf als die von Hartig in der F. N. Z. 1892, S. 221 ff. besprochenen Werthe, wodurch auch die auf letzteren aufgebauten Folgerungen über die Substanzvermehrung mit dem Alter hinfällig werden.

Mit zunehmendem Alter tritt nach meinen Untersuchungen jedenfalls keine Verminderung in der Volumenschwindung des einmal gebildeten Holzes ein, wie Hartig behauptet. Wenn man von der Vertikalspalte für die Altersperiode 0/30 absieht, deren Werthe wegen der sehr ungleichmässigen Jugendentwickelung stark schwanken, so zeigt sich für die übrigen Perioden ein ungefähres Gleichbleiben in der Volumenschwindung des einmal gebildeten Holzes.

Bei Berechnung der Durchschnittswerthe für die Volumenschwindung des in den verschiedenen Perioden gebildeten Holzes ergiebt sich folgende Reihe:

Altersperiode:	0—30	31—60	61—90	91—120
Volumenschwindung:	12,1	12,5	13,5	13,7 %

Altersperiode:	121—150	151—180
Volumenschwindung:	13,6	12,7 %

Das Schwindeprozent nimmt also mit dem Alter zuerst zu, erreicht in der Altersperiode 91—120 sein Maximum und nimmt alsdann zunächst langsam, später rasch ab. Zwischen dem 60. und 150. Jahr ist das Schwindeprozent fast vollständig gleichmässig 13,6 %.

Für die ganzen Stämme ergeben sich entsprechend folgende Werthe:

Im Alter:	90	120	150	180
Schwindeprozent:	13,2	13,2	13,6	13,3

das mittlere Schwindeprozent beträgt demnach rund 13,5 %.

2. Druckfestigkeit.

Die Druckfestigkeit hängt ebenso wie das Raumgewicht ab:

a. beim Einzelstamm
   1. vom Stammtheil
   2. vom Alter

b. bei Vergleichung verschiedener Standorte:
   3. vom Wachsthumsgebiet
   4. von der Standortsgüte.

Die Druckfestigkeit verläuft am Einzelstamm noch unregelmässiger als das Raumgewicht, wesshalb eine Darstellung mittels Durchschnittswerthen unthunlich erscheint, wie Tabelle V zeigt, und auf den Gang der Schaulinien auf Tafel III verwiesen werden muss.

Im Allgemeinen liegt das Maximum der Druckfestigkeit, ebenso wie jenes des Raumgewichtes, etwa bei 4 m Höhe und nimmt von hier nach oben hin ab, innerhalb der Krone, ebenso unmittelbar unterhalb derselben ist der Verlauf der Druckfestigkeit sehr unregelmässig und wohl von der verschiedenen Entwickelung der Krone, sowie deren Inanspruchnahme durch den Wind bedingt.

Ueber die Abhängigkeit der Druckfestigkeit von Alter und Wachsthumsgebiet geben Tabelle IV und V Aufschluss.

Tabelle IV.

Durchschnittliche Druckfestigkeit ganzer Stämme.

Wachsthumsgebiet	I., II. und III. Standortsklasse						IV. u. V. Standortskl.	
	unter 60 Jahr.		64-120 - jährig		über 120 Jahr.		60-120 - jährig	
	kg pro qucm	Anzahl	kg pro qucm	Anzahl	kg pro qucm	Anzahl	kg pro qucm	Anzahl
Ostpreussen . . .	381	4	—	—	—	—	—	—
Schlesien, Gebirge	—	—	394	10	407	4	—	—
Schlesien, Ebene .	—	—	459	6	454	3	—	—
Thüringen . . .	—	—	456	7	467	4	421	4
Westerhof . . .	—	—	—	—	504	4	—	—
Harz	—	—	425	3	459	6	443	4

Tabelle V.

Druckfestigkeit

in verschiedenen Stammhöhen.

Provinz	bei 1 m Höhe				bei 4 m Höhe				bei 12 m Höhe				bei 20 m Höhe			
	I., II. u. III. Ertragskl.			IV. u. V. Ertragskl.	I., II. u. III. Ertragskl.			IV. u. V. Ertragskl.	I., II. u. III. Ertragskl.			IV. u. V. Ertragskl.	I., II. u. III. Ertragskl.			IV. u. V. Ertragskl.
	unter 60 Jahren	61—120 jährig	über 120 Jahre		unter 60 Jahren	61—120 jährig	über 120 Jahre		unter 60 Jahren	61—120 jährig	über 120 Jahre		unter 60 Jahren	61—120 jährig	über 120 Jahre	
	Druckfestigkeit in Kilogramm pro Quadratcentimeter															
Ostpreussen .	399	—	—	—	379	—	—	—	369	—	—	—	—	—	—	—
Schlesien, Gebirge	—	390	424	—	—	421	402	—	—	413	403	—	—	418	458	—
Schlesien, Ebene	—	482	434	—	—	469	488	—	—	457	447	—	—	422	415	—
Thüringen . .	—	458	495	451	—	472	504	429	—	458	469	416	—	417	—	—
Westerhof . .	—	—	491	—	—	—	516	—	—	—	491	—	—	—	500	—
Harz	—	432	443	447	—	425	444	452	—	379	473	430	—	357	467	—

Für die Betrachtung des Zusammenhanges zwischen Alter und Druckfestigkeit kommt hauptsächlich Thüringen in Betracht, da hier das Material für die verschiedenen Altersklassen am gleichartigsten vorliegt, im Harz wird das Uebergewicht der älteren Stämme wohl theilweise wenigstens durch die geringe Qualität der Stämme aus der Oberförsterei Elend bedingt, für die schlesischen Gebirge ist der abweichende Standort der verschiedenen Altersklassen störend, in der schlesischen Ebene, deren Stämme aus sehr unregelmässigen Beständen entnommen wurden, ist ein durchgreifender Unterschied nicht festzustellen.

Wenn man die Zahlen der Tabellen IV und V unter Berücksichtigung dieser verschiedenen Momente prüft, so dürfte eine höhere Druckfestigkeit der älteren Stämme gegenüber jüngeren im gleichen Wachsthumsgebiet und Standortsklasse als bewiesen anzunehmen sein.

Hinsichtlich des Einflusses der Standortsgüte auf die Druckfestigkeit liegen die Verhältnisse ähnlich wie beim Raumgewicht.

Der Bestand V. Klasse von Suhl steht erheblich gegen die besseren Standorte Thüringens zurück. Bemerkenswerth erscheint, dass die untersten Stammtheile nur einen geringen Unterschied zeigen, während dieser nach oben hin — schon von 4 m ab — erheblich zunimmt.

Sehr störend hat sich bei diesen Stämmen die astige Beschaffenheit des Holzes geltend gemacht, da hierdurch die Zahl der einwandfreien Druckproben bedeutend vermindert wird.

Am Harz steht der geringe Bestand der Oberförsterei Schulenberg gegen den der Oberförsterei Oderhaus zurück, übertrifft aber jenen von Elend, auch hier tritt der Unterschied nur in den oberen Stammtheilen hervor, die untersten Druckproben in 1 und 4 m Höhe besitzen bei dem geringen Bestand sogar eine etwas höhere Druckfestigkeit als bei den besseren. Im schlesischen Gebirge sind die Unterschiede zwischen den auf Plänerkalk und auf Quadersandstein erwachsenen Stämmen unerheblich.

Was den Einfluss der Wachsthumsgebiete auf die Druckfestigkeit betrifft, so nimmt auch hier die Oberförsterei Westerhof bei Weitem den ersten Rang ein mit einer durchschnittlichen Druckfestigkeit von 504 kg pro qcm, ein Betrag, welcher bei der Kiefer nur durch zwei pommersche Stämme mit einer solchen von 507 um eine Kleinigkeit übertroffen wird.

Ebenso besitzen nur 4 Kiefernstämme eine höhere Druckfestigkeit einzelner Probekörper als der beste Stamm aus

Westerhof, welcher den äusserst erheblichen Betrag von 536 erreicht (Maximum bei der Kiefer 565!).

Auffallend erscheint andererseits die sehr geringe Druckfestigkeit, welche die Stämme aus den Sudeten fast gleichmässig aufweisen, sie erreicht durchschnittlich nur den Betrag von 400 kg pro qcm.

Etwa ebenso hoch dürfte sich ungefähr die Druckfestigkeit aus Ostpreussen in höherem Alter stellen.

Die schlesische Ebene und der Harz nehmen auch hier eine Mittelstellung ein, beide werden von den besseren Lagen Thüringens etwas, jedoch nicht sehr erheblich übertroffen.

3. Beziehungen zwischen Raumgewicht und Druckfestigkeit.

Wie bereits in der Einleitung bemerkt wurde, sind für Fichte, Weisstanne und Weymuthskiefer nicht die an den „Keilen“[1]) ermittelten spezifischen Trockengewichte, sondern die Raumgewichte der Druckkörper selbst dazu benützt worden, um die Beziehungen zwischen Raumgewicht und Druckfestigkeit zu ermitteln.

Die Vergleichung der Lufttrockengewichte der Druckkörper, welche in Anlage II enthalten sind, mit dem absoluten Trockengewicht der entsprechenden Probescheiben, hat gezeigt, dass bei so langer Lagerung und so sorgfältiger Austrocknung, wie sie für die Zwecke dieser Untersuchung angewendet wurde, ein ganz regelmässiger Zusammenhang zwischen Lufttrockengewicht und absolutem Trockengewicht besteht.

Es hat sich weiter ergeben, dass bei der Fichte der Unterschied zwischen Lufttrockengewicht und absolutem Trockengewicht für die geringsten Gewichtsstufen am bedeutendsten ist und mit steigendem Gewicht abnimmt, wie folgende Reihe zeigt:

Zu einem spezifischen Trockengewicht von	gehört ein Lufttrockengewicht von	Unterschied
380	415	8,4 %
400	430	6,9 „
420	445	5,6 „
440	460	4,3 „
460	475	3,2 „
480	490	2,0 „
500	505	1,0 „

[1]) Vergl. I. S. 6.

Für die Mittelstufen beträgt demnach der Unterschied zwischen Lufttrockengewicht und absolutem Trockengewicht etwa 5 %, für die geringsten Gewichte steigt er auf 8, für die höchsten beträgt er nur noch 1—2%.

Der Vergleich zwischen Druckfestigkeit und Raumgewicht war wegen Mangels an ausreichendem Material nur für je eine Altersstufe möglich, so dass bei der Fichte lediglich der Einfluss des Standortes, nicht aber jener des Alters auf diese Beziehungen festgestellt werden konnte.

Bei den sowohl rechnerisch als graphisch durchgeführten Untersuchungen ergab sich, dass bei der Fichte ebenso wie bei der Kiefer ein sehr bedeutender Unterschied in den zu gleicher Druckfestigkeit gehörigen Raumgewichten, und umgekehrt, je nach Wachsthumsgebiet und Standortsgüte besteht. Näheres hierüber ist aus Tabelle VI und Tafel II zu entnehmen.

Tabelle VI.

Verhältniss zwischen Druckfestigkeit,

spezifischem Trockengewicht und Lufttrockengewicht bei verschiedenen Wachsthumsgebieten und verschiedener Standortsgüte.

Zu einer Druckfestigkeit von kg pro qucm	gehört ein Lufttrockengewicht bezw. spezif. Trockengewicht					
	in Thüringen und Harz				in Schlesien	
	I., II. u. III. Standortskl.		V. Standortskl.		I., II. u. III. Standortskl.	
	Lufttrockengew.	spezif. Trockengew.	Lufttrockengewicht	spezif. Trockengew.	Lufttrockengew.	spezif. Trockengew.
380	399	*356*	—	—	—	—
390	407	*365*	441	*418*	425	*390*
400	415	*377*	452	*432*	434	*404*
410	424	*390*	463	*446*	443	*418*
420	433	*404*	475	*460*	453	*432*
430	443	*418*	—	—	464	*446*
440	453	*432*	—	—	475	*460*
450	464	*446*	—	—	486	*474*
460	475	*461*	—	—	497	*487*
470	486	*475*	—	—	509	*500*
480	498	*488*	—	—	521	*512*
490	510	*501*	—	—	534	*523*
500	523	*513*	—	—	—	—
510	536	*525*	—	—	—	—

Auch hier gilt demnach das bereits bei der Kiefer gefundene Gesetz, dass, je günstiger die sonstigen Verhältnisse sind, ein um so geringeres Raumgewicht zu gleicher Druckfestigkeit gehört, was nur durch einen Unterschied in der Festigkeit der Zellwand bei gleichem Raumgewicht zu erklären ist.

Am schroffsten tritt der Unterschied bei gleichem Wachsthumsgebiet und verschiedener Standortsgüte hervor. Auf den besseren Standorten von Thüringen entspricht z. B. einer Druckfestigkeit von 410 kg pro qcm ein Lufttrockengewicht von 424, bei V. Standortsklasse dagegen ein solches von 463. Etwas geringer, aber immer noch sehr entschieden tritt das nämliche Gesetz bei Vergleichung verschiedener Wachsthumsgebiete hervor.

Thüringen und Harz sind Schlesien gegenüber bevorzugt.

Die besseren Standorte liefern demnach auch aus diesem Grund, und abgesehen von der Länge, Stärke, Vollholzigkeit u. s. w., ein Holz, welches für die meisten technischen Zwecke mehr geeignet ist, als das auf geringem Standort erwachsene. Dass für bestimmte Verwendungen, z. B. für Resonanzbodenholz die sehr feinringigen und gleichmässig gebauten Stämme von weniger günstigen Standorten besonders geschätzt werden, kommt hier nicht in Betracht, ebenso auch nicht der Jahrringbau, soweit er unter sonst gleichen Verhältnissen lediglich eine Folge von wirthschaftlichen Maassregeln ist.

Es hat sich aber auch ergeben, dass innerhalb nahe gelegener Gebiete ein solcher Unterschied nicht hervortritt. So waren einerseits die Schaulinien für Schlesien Gebirge und Ebene, andererseits jene von Thüringen und Harz nicht nennenswerth verschieden, wesshalb eine Zusammenfassung dieser Gruppen geboten erschien; dagegen sind die Unterschiede zwischen dem Osten von Deutschland und Mitteldeutschland sehr charakteristisch.

Bezüglich des Verlaufes der Schaulinien ist noch hervorzuheben, dass sie unter sich nahezu parallel sind und wenigstens in ihren mittleren, stets am besten bestimmten Theilen, einer geraden Linie sehr nahe kommen.

Die von Bauschinger ausgesprochene Ansicht, dass die Beziehungen zwischen Druckfestigkeit und Raumgewicht durch eine Gleichung ersten Grades ausgedrückt werden können, trifft demnach für die Fichte bei Einstellung des Lufttrockengewichtes innerhalb der für solche Untersuchungen zulässigen Grenzen zu.

4. Ergebnisse.

Die wichtigsten Ergebnisse der Untersuchungen über die Qualität des Fichtenholzes lassen sich in folgenden Sätzen zusammenfassen:

1. Die Grenzwerthe für spezifisches Trockengewicht und Druckfestigkeit sind beim vorliegenden Material:

a) spez. Trockengewicht

α) für einzelne Zuwachsperioden:

Maxim. **621** (Nr. 44 S. IV, Pr. 121/150) u. **612** (Nr. 46 S. I, Pr. 61/90).
Minim. **261** (Nr. 2 S. III, Pr. 1/30 und **333** (Nr. 16 S. II, Pr. 1/30).

β) für ganze Sektionen:

Maxim. **563** (Nr. 46 S. I), **558** (Nr. 46 S. VIII) und **551** (Nr. 47 S. I).
Minimum **371** (Nr. 3 S. IV) und **384** (Nr. 4 S. III).

b) Druckfestigkeit:

Maximum **618** (Nr. 46 S. VII a) und **615** (Nr. 54 S. VIII a).
Minimum **328** (Nr. 25 S. V a) und **329** (Nr. 60 S, V a).

Die obersten Sektionen sind hierbei ausser Acht gelassen, ebenso die mit einem * Stern bezeichneten Druckkörper, deren Bedeutung wegen Aestigkeit fraglich erscheint.

2. Als Mittelwerthe ganzer Stämme im Alter von 100 bis 120 Jahren können für die besseren Standorte angenommen werden: ein spezifisches Trockengewicht von 46 und eine Druckfestigkeit 460 kg pro qcm.

3. Bei gleichem Wachsthumsgebiet zeigt der Verlauf des Gewichtes und der Druckfestigkeit, abgesehen von der Krone und dem unmittelbar unterhalb gelegenen Schafttheil, am Einzelstamm bei verschiedener Höhenlage keine sehr wesentlichen Unterschiede, beide erreichen ihr Maximum etwa bei 4 m.

4. Vom grössten Einfluss auf die Güte des Fichtenholzes ist das Wachsthumsgebiet.

Unter gleichzeitiger Würdigung von Raumgewicht und Druckfestigkeit gestaltet sich die Reihenfolge der untersuchten Gebiete folgendermassen:

a) Westerhof, welches als Typus der besten Fichtenstandorte Deutschlands betrachtet werden kann. (Raumgewicht etwa 500, Druckfestigkeit bis 510 kg pro qcm).

b) Thüringen.

c) Schlesien (Ebene) und bessere Standorte des Harzes.

In diesen beiden Gruppen dürften sich wohl auch die übrigen besseren Fichtengebiete Deutschlands einreihen lassen.

d. Geringere Standorte des Harzes, ferner die Sudeten und Ostpreussen. (Raumgewicht 43, Druckfestigkeit 410 kg pro qcm).

5. Bei gleichem Wachsthumsgebiet bleiben auf schlechtem Standort Raumgewicht und Druckfestigkeit nicht sehr erheblich gegen die besseren zurück; die geringere Güte des auf ersteren erwachsenen Holzes gelangt hauptsächlich in den Beziehungen zwischen Raumgewicht und Druckfestigkeit zum Ausdruck (selbstverständlich ohne Berücksichtigung von Höhe, Form, Aestigkeit, Jahrringbau u. s. w).

6. Das Verhältniss zwischen Raumgewicht und Druckfestigkeit ändert sich nach Wachsthumsgebiet und Standortsgüte. Je besser die Qualität, desto geringer ist unter sonst gleichen Umständen das Raumgewicht, welches einer bestimmten Druckfestigkeit entspricht.

II. Weisstanne.

Wenn die Weisstanne auch von Natur weiter in Preussen verbreitet ist, als gewöhnlich angenommen wird — die Nordgrenze liegt erst in der Linie Zeitz-Guben-Ostrowo —, so besitzt sie wirthschaftliche Bedeutung doch nur in Oberschlesien und in Thüringen.

Das zur Untersuchung benutzte Material gehört lediglich dem letzteren Gebiete an und stammt aus den Oberförstereien Dietzhausen und Schleusingen.

Da die Tanne hier, wenigstens auf einigermaassen ausgedehnten Flächen, nicht rein vorkommt, und weil gleichzeitig eine vergleichende Untersuchung zwischen Tannen und Fichten beabsichtigt war, sind die 12 Probestämme für die Weisstanne aus Beständen entnommen, welche auch solche für die Fichte geliefert hatten.

In den beiden Beständen der Oberförsterei Schleusingen (Distr. 129 und 150) haben die Probestämme für Tanne und Fichte gleichmässig den mittleren Brusthöhendurchmesser der 500 stärksten Stämme. In Dietzhausen (Distr. 5), wo die Tannen älter und stärker sind als die Fichten, ist der Durchmesser entsprechend jenem des Mittelstammes für den Bestandestheil der Weisstanne allein angenommen worden.

I. Spezifisches Trockengewicht und Schwindeverhältnisse.

Das Raumgewicht ist am Einzelstamm wesentlich anders vertheilt, als bei der Fichte, wie nachstehende Reihe zeigt:

	bei 1	4	8	13	17	21	28 m Höhe
beträgt das durchschnittliche spez. Trockengewicht der Sektionen	440	420	402	402	397	400	413

Das höchste Gewicht besitzen demnach die untersten Stammtheile, dieses sinkt zuerst rasch bis zu einer Höhe von 8 m, bleibt sodann in den mittleren Stammtheilen annähernd gleich und steigt nach oben hin wieder langsam etwas an.

Ueber das Raumgewicht des in verschiedenen Altersperioden erzeugten Holzes sowie über entsprechendes Gesammtgewicht ganzer Stämme giebt nachstehende Tabelle VII Aufschluss:

Tabelle VII.

Trockengewicht pro Kubikmeter	in der Periode				im Alter			
	0—30	31—60	61—90	91—120	30	60	90	120
1. Trockenvolumen	395	398	411	424	395	398	406	416
2. Frischvolumen	355	355	362	374	355	355	359	366

Innerhalb der Altersgrenzen, für welche das Untersuchungsmaterial vorliegt, nimmt demnach sowohl das periodische Raumgewicht als auch das Durchschnittsgewicht der ganzen Stämme mit dem Alter zu.

Hartig ist in seinem „Holz der Nadelwaldbäume“ für ungefähr ebenso alte Stämme zu dem gleichen Ergebniss gelangt.

Bertog[1]) hat dagegen für seinen Tannenbestand in Freising während der Periode 100—120 Jahre bereits eine, wenn auch nur geringe Abnahme gefunden (448 gegen 450 in der Periode 81—100 Jahre).

Da auch bei mir Stamm 9, welcher allein ein höheres Alter besitzt, für die Periode über 120 Jahre eine kleine Abnahme zeigt (436 gegen 437 in der Periode 90—120 Jahre), so dürfte anzunehmen sein, dass etwa im 100. Jahre das schwerste Holz erzeugt wird, und das Gewicht alsdann wieder sinkt, doch scheint die Abnahme im Anfang nur sehr gering zu sein.

Bezüglich des Jugendstadiums zeigt die Weisstanne ebenfalls die bei der Fichte bereits eingehend erörterte Erscheinung, dass bei einem von Jugend auf völlig freiem Stand in den ersten Jahren das leichteste Holz erzeugt wird, welches alsdann allmählich an Gewicht zunimmt.

---

[1]) Forstl. Naturwissenschaftl. Zeitschr. 1895, S. 184 ff. Von den dort angegebenen Zahlen sind wegen der Vergleichbarkeit sowohl bei Tanne als bei der Fichte nur die Probestämme für den herrschenden Bestand (I, II und III) berücksichtigt, die Probestämme für den beherrschten Bestand (IV) aber nicht in Betracht gezogen worden.

Wenn die Stämme dagegen im Schirmstand erwachsen, ist das Holz wegen der Kleinheit der Zellen verhältnissmässig schwer und nimmt beim Uebergang in freieren Stand zunächst an Gewicht ab, um alsdann in den normalen Verlauf überzugehen.[1])

Bertog hat für seine 3 Stämme folgende Reihe gefunden:

Stamm-Nr.	Trockengewicht in der Periode.					
	0—40	41—60	61—80	81—100	101—110	101—120
I	470	438	423	436	430	447
II	453	443	442	447	448	447
III	457	439	456	468	468	
Durchschnitt	460	440	440	450	449	. 447

Hier sinkt also das Gewicht bis zu einem für die schwächeren Stämme im Alter von 50, für die stärkeren im Alter von 70 Jahren eintretenden Minimum und steigt hierauf wieder an.

Die von Anfang an steigende Richtung der Schaulinien für das periodische Trockengewicht wird bei meinem Material durch die Stämme Nr. 2, 3, 4 und 10 veranlasst, welche entweder eine freiere Stellung von Jugend auf hatten oder doch wenigstens so frühzeitig in eine solche kamen, dass das Durchschnittsgewicht der ersten 30jährigen Altersperiode vom Schirmstand nur wenig mehr beeinflusst wurde.

Stamm 1 und 5 zeigen in der Periode vom 31. bis zum 60. Jahre die oben besprochene Abnahme des Gewichtes (St. 1 von 423 auf 513, St. 5 von 392 auf 353).

Die Stämme Nr. 6, 7, 8, 9, 11 und 12 standen solange im Druck, dass sie im 30jährigen Alter entweder die Höhe von 1,3 m noch gar nicht erreicht hatten oder hier doch erst einen sehr geringfügigen Durchmesser besassen. Von der Bestimmung des Raumgewichtes für diese wurde mit Rücksicht auf die Unsicherheit derartiger Messungen für so kleine Holzstücke und ihre untergeordnete Bedeutung für den Hauptzweck der Untersuchung abgesehen. Bemerkenswerth ist namentlich Stamm 11, da hier auch das Gewicht der Periode von 61—90 Jahren noch eine Abnahme gegen die vorausgehende Periode zeigt (403 gegen 434) der 126jährige Stamm hatte aber in Brusthöhe nur 86

[1]) vgl. auch Hartig, Fichten- und Tannenholz des bayrischen Waldes. Oesterreich. Centralblatt 1888, S. 439.

Jahresringe und demnach 42 Jahre gebraucht um die Höhe von 1,3 m zu erreichen. Mit 60 Jahren war sein rindenloser Durchmesser in Brusthöhe von 7,8 cm, welcher innerhalb der nächsten 30 Jahre rasch auf 19,6 cm anwuchs.

Das durchschnittliche spezifische Trockengewicht sämmtlicher 12 Stämme beträgt 413; die drei untersuchten Bestände zeigen jedoch ziemlich beträchtliche Abweichungen unter sich und zwar so, dass der Bestand der geringsten Standortsgüte (Schleusingen Distr. 129) das höchste Gewicht mit 435 besitzt, dann folgt Schleusingen Distr. 156 mit einem solchen von 412, Dietzhausen Distr. 5 hat dagegen das geringste Gewicht mit nur 392.

An sonstigen Angaben über das Raumgewicht der Weisstanne liegen folgende vor:

Forstamt Freising nach Bertog 3 Stämme im 120jährigen Alter 446
„ „ „ Hartig 12 „ 95—110 „ „ 421
(Assessorenbezirk Kranzberg)
„ „ „ Bauschinger 4 Stämme (101 bis 108 j.) lufttrocken 480 ungefähr = 465 Trockengewicht.

Das Durchschnittsgewicht der Weisstannen aus dem Forstamt Freising lässt sich demnach etwa zu 435 annehmen.

In seinen „Untersuchungen über das Fichten- und Tannenholz des bayrischen Waldes“ [1]) giebt Hartig keine Zahlen, sondern nur eine graphische Darstellung des Durchschnittsgewichtes der Stämme, welche jedoch sehr grosse Unterschiede zwischen den beiden Gruppen aufweist. Soweit man aus der Zeichnung ablesen kann, ergeben sich folgende Werthe:

Durchschnittsgewicht der ganzen Stämme im Alter:	100	150	190
Gruppe VII: 3 Tannen im Schutz des Plänterwaldes erwachsen:	386	370	367
Gruppe VIII: 3 Tannen, sehr langsam gewachsen, 340jährig:	480	433	410

Die Tannen der Gruppe VII hatten im 100jährigen Alter erst 19 m Höhe und 0,51 cbm Inhalt.

Hartig zieht aus seinen Untersuchungen (a. a. O. S. 441) den Schluss, dass das Holz der Tanne im bayrischen Wald nicht das Gewicht jener des Forstamtes Freising erreicht.

Das Holz der Weisstannen des Thüringer Waldes zeigt ein Gewicht, welches etwa jenem der Stämme des bayrischen Waldes

---

[1]) Oesterr. Centralbl. f. d. ges. Forstw. 1888 S. 357 ff.

entspricht, während es hinter dem Gewicht der Stämme des Forstamtes Freising erheblich zurückbleibt.

Es liegt die Vermuthung nahe, dass wie im bayerischen Wald die Annäherung an die vertikale Verbreitungsgrenze, im Thüringer Wald jene an die Nordgrenze in horizontaler Verbreitung ungünstig auf das Raumgewicht einwirkt.

Bestärkt wird diese Annahme dadurch, dass die den betreffenden Beständen beigemischte Fichte, welche in vertikaler und horizontaler Richtung ein weiteres Verbreitungsgebiet besitzt, erheblich weniger ungünstig beeinflusst wird, so dass mit der Erhebung in vertikaler Richtung sowie beim Fortschreiten nach Norden der Unterschied zwischen dem Gewicht des Fichten- und Tannenholzes zu Ungunsten des letzteren zunimmt.

Nach den Untersuchungen von Bertog beträgt in dem Freisinger Bestand das Durchschnittsgewicht der Fichten 46, jenes der Tannen 447. Bei durchaus gleichmässig ausgewähltem Material bleibt die Tanne hier nur um ein geringes hinter der Fichte zurück.

Wenn man auch sämmtliche Untersuchungen über Weisstannen in Freising berücksichtigt, so ergiebt sich doch immerhin erst ein Durchschnittsgewicht von 435, so dass der Unterschied zwischen dem Raumgewicht der Weisstanne und Fichte etwa 25 beträgt.

Bei den drei Thüringer Beständen stellt sich dagegen das Verhältniss folgendermassen:

spezifisches Trockengewicht der	Fichte	Tanne	Differenz
Schleusingen Distr. 129 . . .	476	435	41
„ „ 156 . . .	452	412	40
Dietzhausen „ 5 . . .	463	392	71
Durchschnitt	464	413	51

Aehnlich gestalten sich die Unterschiede bei den von Hartig als vergleichsfähig bezeichneten Fichten- und Tannenbeständen des bayerischen Waldes.

Es zeigt im 120jährigen Alter Gruppe V der Fichte ein Raumgewicht von 420, die Tannen der Gruppe VII ein solches von 386, Differenz 34. Die grössere Differenz zwischen Fichten- und Tannenholz bei Hartig (ebenso wie bei den Stämmen des Thüringer Waldes) dürfte demnach nicht, wie Bertog annahm, von der geringeren Vergleichbarkeit des Materiales, sondern davon herrühren, dass in den Beständen des bayrischen Waldes die Tanne ihren Vegetationsgrenzen näher liegt als die Fichte und daher in ihrer Qualität stärker nachlässt als diese.

Die Volumenschwindung am Einzelstamm zeigt folgenden, ziemlich unregelmässigen Verlauf:

bei einer Höhe am Stamme:	1	4	9	13 m
beträgt die Volumenschwindung:	12,1	12,5	11,8	12,0 %

bei einer Höhe am Stamme	17	22	25 m
beträgt die Volumenschwindung:	11,5	9,0	11,1 %.

Die Volumenschwindung ist demnach in der unteren Stammhälfte annähernd gleichgross, nimmt dann nach oben ab, erreicht unterhalb der Krone ein Minimum und steigt in der Krone selbst wieder an.

Das Schwindeprozent des in verschiedenen Altersperioden erzeugten Holzes gestaltet sich folgendermassen:

Altersperiode:	1—30	31—60	61—90	91—120
Schwindeprozent:	10,8	10,9	13,6	12,1

Die Volumenschwindung steigt also mit dem Alter, erreicht ein Maximum in der Periode 61—90 und nimmt von da wieder ab.

Das durchschnittliche Schwindeprozent ganzer Stämme beträgt bei meinen Stämmen 11,8 % und stimmt vollständig mit dem von Bertog für Freising ermittelten überein (12,0, 11,8, 11,9, im Durchschnitt 11,9 %).

2. Druckfestigkeit.

Bei graphischer Darstellung des Verlaufes der Druckfestigkeit am Einzelstamme (vergl. Tafel III) zeigt sich, dass diese in den unteren Stammtheilen am grössten ist, in der Mehrzahl der Fälle liegt das Maximum in Brusthöhe, seltener etwas höher, etwa bei 4 m. Nach oben hin nimmt die Druckfestigkeit ziemlich gleichmässig und erheblich ab bis zu einem ungefähr in $^2/_3$ der Stammhöhe gelegenen Minimum und steigt dann in der Krone wieder an.

Das Verhalten der durchschnittlichen Druckfestigkeit ganzer Stämme, sowie den Unterschied in der Druckfestigkeit des Fichten- und Tannenholzes innerhalb des gleichen Bestandes zeigt nachstehende Zusammenstellung:

Die durchschnittliche Druckfestigkeit in kg pro qcm

beträgt für:		Tanne	Fichte
in Schleusingen Distr.	129 . . .	426	492
„ „ „	156 . . .	402	452
„ Dietzhausen „	5 . . .	375	455
	im Durchschnitt:	401	466

Die Weisstanne des Thüringer Waldes steht demnach an Druckfestigkeit ebenso wie an Raumgewicht erheblich gegen die dortige Fichte zurück.

Das Verhältniss zwischen Druckfestigkeit und Raumgewicht der Weisstanne gestaltet sich bei dem vorliegenden Material folgendermaassen:

Tabelle VIII.

zu einer Druckfestigkeit von x kg. pro qcm	gehört ein Lufttrockengewicht	absolutes Trockengewicht
320	394	*369*
340	395	*380*
360	406	*391*
380	417	*402*
400	428	*413*
420	439	*424*
440	450	*435*
460	461	*446*

Beim Vergleich mit der Fichte des Thüringer Waldes zeigt sich, dass für die gleiche Druckfestigkeit bei der Tanne ein höheres Raumgewicht gehört wie bei der Fichte, insbesondere gilt dieses für die bei den Tannen vorherrschenden geringeren Beträge, bei höherer Druckfestigkeit stellt sich dieses Verhältniss für Tanne und Fichte ziemlich gleichmässig. So entspricht:

einer Druckfestigkeit von kg pro qcm	bei der Tanne		bei der Fichte	
	Lufttrockengewicht	absolutes Trockengewicht	Lufttrockengewicht	absolutes Trockengewicht
380	417	*402*	399	*356*
420	439	*424*	433	*404*
460	461	*446*	475	*461*

Bei diesem Vergleich ist noch zu berücksichtigen, dass bei der Fichte die geringeren Druckfestigkeiten unter 380 kg so selten vertreten sind, dass hierfür ein Zusammenhang mit dem Raumgewicht überhaupt nicht zu bestimmen war, während andererseits bei der Tanne die Werthe über 440 kg bereits ziemlich sparsam vertreten sind.

Jedenfalls gestaltet sich für Thüringen das Verhältniss zwischen Raumgewicht und Druckfestigkeit für die Tanne wesentlich ungünstiger als bei dem von Bauschinger untersuchten Material aus Südbayern, wo sich die Tanne bei der analogen Zusammenstellung an die Kiefer anschliesst und wenigstens einen Theil der Fichten erheblich übertrifft[1]).

Die Tanne scheint nach den vorliegenden, allerdings ziemlich spärlichen Untersuchungen in der oberbayerischen Hochebene und wohl auch noch in den Voralpen der Fichte etwa gleichwerthig zu sein, was für Thüringen nicht mehr der Fall ist.

Der Unterschied zwischen Lufttrockengewicht und Raumgewicht beträgt bei der Tanne zwischen 3 und 4 %, ersteres für die höheren, letzteres für die geringeren Beträge.

Es bildet dieses einen weiteren Beweis für den sehr gleichmässigen Trockenheitsgrad des Untersuchungsmateriales.

3. Ergebnisse.

1. Die Grenzwerthe für spezifisches Trockengewicht und Druckfestigkeit für die Weisstanne des Thüringer Waldes sind nach dem vorliegenden Material:

a) spez. Trockengewicht

α) für einzelne Zuwachsperioden:
Maxim. **488** (Nr. 12 S. II, Pr. 91/120) u. **484** (Nr. 1 S. I, Pr. 61/90).
Minim. **315** (Nr. 7 S. III, Pr. 31/60) u. **329** (Nr. 5 S. 5, Pr. 31/60).

β) für ganze Sektionen:
Maximum **477** (Nr. 12 S. II) und **473** (Nr. 1 S. I).
Minimum **354** (Nr. 7 S. IV) und **358** (Nr. 5 S. III).

b) Druckfestigkeit:
Maximum **585** (Nr. 12 S. III a) und **496** (Nr. 1 S. II a).
Minimum **276** (Nr. 7 S. III b) und **282** (Nr. 9 S. V a).

2. Als Mittelwerthe ganzer Stämme können angenommen werden: ein spezifisches Trockengewicht von 41 und eine Druckfestigkeit von 400 kg pro qcm.

---

[1]) Bauschinger, Mittheilungen, XVI. Heft, S. 22.

3. Die Tanne des Thüringer Waldes steht gegen die Fichte dieses Gebietes erheblich an Güte des Holzes, soweit diese in Raumgewicht und Druckfestigkeit zum Ausdruck gelangt, zurück.

4. Der Unterschied in der Qualität des Fichten- und Tannenholzes scheint innerhalb der beiden Holzarten gleichmässig zusagenden Verbreitungsgebiete gering zu sein, mit der Annäherung an die vertikale und horizontale Vegetationsgrenze der Tanne aber zu wachsen.

Weymuthskiefer.

Das Untersuchungsmaterial stammt aus den ausgedehnten etwa 100jährigen Beständen dieser Holzart, welche sich in den schlesischen Oberförstereien Rogelwitz (Reg.-Bez. Breslau) und Schelitz (Reg.-Bez. Oppeln) befinden und über deren Massengehalt und Zuwachs ich bereits wiederholt berichtet habe[1]).

In Schelitz sind die Probestämme für die Festigkeitsuntersuchungen (je 3 pro Bestand) in der üblichen Weise als Mittelstämme der 400 stärksten Stämme ausgewählt, in Rogelwitz ist dagegen auch der Versuch gemacht, zu ermitteln, ob die Stammklasse einen Einfluss auf Raumgewicht und Druckfestigkeit ausübt. Mit Rücksicht hierauf wurde sowohl der stärkste als der schwächste Stamm des Bestandes zur Untersuchung herangezogen (Stamm Nr. 7 mit einem Brusthöhendurchmesser von 50,1 cm und Stamm Nr. 11 mit einem solchen von 18,6 cm, letzterer ist ganz unterdrückt), die übrigen 3 Probestämme sind dazwischen vertheilt etwa in folgender Weise:

Stamm Nr. 9, mit Brusthöhendurchmesser 40,0, Mittelstamm der Klasse: 101—120 stärkste Stämmeprobe.
„ „ 8, mit Brusthöhendurchmesser 35,6, Mittelstamm der Klasse: 201—300 stärkste Stämme.
„ „ 10, mit Brusthöhendurchmesser 30,3, Mittelstamm der Klasse: 401—600 stärkste Stämme.

---

[1]) Vergl. Zeitschrift für Forst- und Jagdwesen 1890, S. 321 und 1896, S. 215.

Der Bestand, Jagen 46 von Rogelwitz enthält im Alter 101 eine Derbholzmasse von 1004 fm pro ha.
„ „ „ 60 „ Schelitz enthält im Alter 98 eine Derbholzmasse von 611 fm pro ha.
„ „ „ 156 „ „ enthält im Alter 101 eine Derbholzmasse von 818 fm pro ha.

I. Spezifisches Trockengewicht und Schwindeverhältnisse.

Wie bei der gemeinen Kiefer besitzen auch bei der Weymuthskiefer die untersten Stammtheile das höchste spezifische Trockengewicht, welches bis zu einer Höhe von etwa 4 m rasch, alsdann langsamer abnimmt und schliesslich in den oberen Stammtheilen wieder etwas ansteigt.

Als Durchschnittswerthe für sämmtliche Stämme ergeben sich für verschiedene Stammhöhen nachstehende Beträge des spezifischen Trockengewichtes:

Höhe am Stamm:	1,3	4	12	21 m
spezifisches Trockengewicht:	391	365	370	372

Auch hinsichtlich des Ganges des spezifischen Gewichtes für die verschiedenen Altersperioden stimmt die Weymuthskiefer mit der gemeinen Kiefer überein. Das Raumgewicht ist in der Jugend am geringsten, steigt dann zu einem Maximum an, welches, anscheinend bei allen Kiefernarten, etwa im 60jährigen Alter liegt und nimmt von da an ab. Soweit die bei Stamm 7 bis 9 durchgeführte Trennung der Periode von 61—90 Jahren in zwei Hälften ersehen lässt, beginnt das Sinken des Raumgewichtes bereits vom 75. Jahre ab.

Die Durchschnittswerthe des Raumgewichtes des innerhalb der einzelnen Altersperioden erzeugten Holzes sowie die entsprechenden Gesammtgewichte ganzer Stämme sind für Stamm 1—9 in Tabelle IX enthalten.

Tabelle IX.

Trockengewicht pro Cubikmeter	in der Periode				im Alter			
	0—30	31—60	61—90	91—100	30	60	90	100
	kg				kg			
1. Trockenvolumen	333	378	382	365	333	365	372	371
2. Frischvolumen	308	347	345	323	308	335	338	336

Ein Einfluss von Splint und Kern auf das Raumgewicht lässt sich hier, da nur gleich altes Holz zur Verfügung stand, nicht nachweisen.

Wie Tabelle X (S. 32) ersehen lässt, beträgt die Anzahl der Splintringe durchschnittlich 35—40, es gehört demnach das etwa seit dem 60. Lebensjahr erzeugte Holz zum Splint, dieses

Tabelle X.

Messhöhe m	Zahl der Jahresringe	Zahl der Splintringe	Mittlere Breite des Kernes mm	Mittlere Breite des Splintringes mm	Rindenloser Durchmesser der Sektion mm	Kernholz %	Messhöhe m	Zahl der Jahresringe	Zahl der Splintringe	Mittlere Breite des Kernes mm	Mittlere Breite des Splintringes mm	Rindenloser Durchmesser der Sektion mm	Kernholz %
Stamm Nr. 1							**Stamm Nr. 5**						
1,10	95	35	257	23,0	303	72,0	1,10	89	29	223	31,0	285	61,3
4,40	89	38	229	20,5	270	71,9	4,30	82	31	200	31,0	262	58,3
8,90	82	36	201	21,5	244	67,7	8,47	75	31	178	30,0	238	56,0
13,37	73	33	184	22,0	228	65,3	12,72	67	28	168	23,5	215	61,2
17,62	59	26	130	25,5	181	51,6	16,97	54	22	118	30,0	178	43,9
21,67	40	19	79	29,5	138	32,7	21,10	28	14	42	31,0	104	16,3
25,20	11	11	—	—	46	—							
Stamm Nr. 2							**Stamm Nr. 6**						
1,10	94	30	279	18,0	315	78,4	1,10	89	28	235	25,0	285	68,0
4,30	89	35	239	20,5	280	72,9	4,30	83	32	208	23,0	254	67,1
8,50	82	34	213	21,0	255	70,5	8,57	76	31	177	23,0	223	62,9
12,75	72	32	194	21,5	237	67,1	12,82	68	29	147	23,5	194	57,3
17,15	60	25	148	24,0	196	57,8	17,07	54	23	100	29,5	159	39,4
21,57	41	17	68	31,0	130	27,3	21,50	24	12	14	28,5	71	3,8
25,15	10	10	—	17,0	34	—							
Stamm Nr. 3							**Stamm Nr. 7**						
1,12	94	35	250	29,5	309	65,5	1,15	98	35	397	35,5	468	72,0
4,35	89	34	229	28,5	286	64,2	4,32	93	37	358	31,0	420	73,0
8,65	81	34	196	31,5	259	57,3	8,47	89	35	319	30,0	379	70,7
13,10	71	32	174	30,5	235	54,8	12,70	80	33	290	31,0	352	67,9
17,52	58	26	137	33,5	204	45,1	16,90	62	29	243	33,5	310	64,5
21,82	41	19	79	33,5	146	29,3	20,97	57	23	186	40,5	265	49,3
25,75	12	12	—	28,5	57	—	25,20	30	14	49	24,5	98	25,0
Stamm Nr. 4							**Stamm Nr. 8**						
1,10	88	28	240	24,5	289	68,9	1,17	95	37	281	26,5	334	70,8
4,30	82	29	215	22,0	259	68,9	4,45	90	37	254	24,5	303	70,3
8,57	75	29	191	25,0	241	63,0	8,72	86	35	221	23,5	268	68,1
12,82	64	27	161	23,5	208	60,0	12,92	77	33	188	24,0	236	63,6
17,07	54	23	119	26,0	171	48,3	17,12	66	29	151	26,0	203	55,2
21,50	33	33	—	61,0	122	—	21,32	43	24	83	32,0	147	31,8
24,77	10	10	—	15,0	30	—	23,90	20	13	23	23,5	70	10,8

Messhöhe m	Zahl der Jahresringe	Zahl der Splintringe	Mittlere Breite des Kernes mm	Mittlere Breite des Splintringes mm	Rindenloser Durchmesser der Sektion mm	Kernholz %
Stamm Nr. 9						
1,25	97	45	325	29,0	383	72,2
4,75	92	44	299	26,5	352	72,1
9,05	86	41	271	28,0	327	68,7
13,22	80	37	234	29,5	293	63,8
17,42	70	33	193	27,5	248	60,7
21,75	50	25	127	32,0	191	44,1
25,75	25	15	40	20,5	81	24,4
Stamm Nr. 10						
1,10	96	34	252	16,5	285	78,2
4,22	91	38	219	16,0	251	76,2
8,42	85	37	199	15,1	230	74,9
12,67	80	35	170	16,0	202	71,0
16,82	69	32	139	17,0	173	64,5
20,95	52	27	96	17,0	130	54,5
24,05	36	21	46	15,0	76	36,6
Stamm Nr. 11						
1,07	91	51	167	4,5	176	90,1
4,25	84	52	139	7,0	153	82,4
8,45	76	47	114	6,5	127	80,4
12,60	67	43	90	8,5	107	70,7
16,70	53	31	75	6,5	88	72,5
20,87	41	27	44	10,0	64	47,2

umfasst aber, wie eben gezeigt wurde, sowohl die schwersten Schichten als auch solche, deren Gewicht bereits wieder zu sinken beginnt.

Nach der Analogie dieses Vorganges bei der gemeinen Kiefer zu schliessen, ist der Einfluss des Alters auf das Gewicht jedenfalls erheblich bedeutender als die Thatsache, ob das Holz dem Splint oder dem Kern angehört.

Material zur Vergleichung des Gewichtes der schlesischen Weymuthskiefer mit jenem von Stämmen aus anderen Wachsthumsgebieten ist nur in sehr geringem Maasse vorhanden, mir stehen folgende Zahlen zur Verfügung:

Von einer Studienreise nach der Rheinpfalz hat Landforstmeister Danckelmann aus den in der Litteratur neuerdings mehrfach besprochenen Beständen des Forstamts Trippstadt 4 Stammscheiben mitgebracht. Hiervon sind 3 Scheiben von einem ziemlich freiständig erwachsenen Stamme I bei 0,6 m (Stock), 6,3 m und 10,3 m entnommen, während von dem in ziemlich engem Schluss erwachsenen Stamme II nur eine Scheibe aus Brusthöhe vorlag. Das Alter dieser Stämme beträgt 104 Jahre, entspricht also jenem der schlesischen.

Die von mir ausgeführten Messungen haben folgende Zahlen ergeben:

Höhe des Abschnittes über dem Boden	spezifisches Trockengewicht für Splint	Kern	ganze Scheibe
	Stamm I		
0,6 m	486	574	555
6,3 „	346	361	358
10,3 „	342	356	352
	Stamm II		
1,3 m	456	446	448

Da Vergleichsstücke für die vom Stockabschnitt entnommene Scheibe fehlen, so scheidet diese von der Betrachtung aus, sie zeigt nur, wie bedeutend die Zunahme des Gewichtes nach unten zu ist.

Das Gewicht des Holzes der beiden anderen Scheiben von Stamm I entspricht ungefähr jenem der schlesischen Stämme, bleibt aber etwas hinter dem Durchschnitt zurück.

Das Gewicht der Scheibe von Stamm II ist ein sehr hohes, stimmt aber in seinen äusseren Theilen immer noch mit Stamm 2 und 10 überein. Der hohe Betrag des Gewichtes des Kernholzes erklärt sich durch die langsame Jugendentwickelung, indem hierbei kein so leichtes Holz, wie bei dem raschen Wachsthum der schlesischen Stämme gebildet wird. Da die Massenerzeugung der Weymuthskiefer in frühem Alter schon eine sehr beträchtliche ist, besitzen die betreffenden Schichten natürlich einen wesentlichen Einfluss auf das Durchschnittsgewicht des Kernes sowie auch auf jenes der ganzen Scheibe.

Mayr[1]) giebt für zwei Weymuthskiefern, von denen eine (87jährig) aus dem bayerischen Forstamt Ansbach, die andere dagegen aus Wisconsin stammt, folgende Werthe als Durchschnitt des ganzen Stammes:

	Splint	Kern	ganzer Stamm
Weymuthskiefer aus Ansbach	367	383	381
„ „ Wisconsin	387	381	—

Der amerikanische Censusbericht führt 385 als Durchschnittsgewicht einer Mehrzahl von Stämmen an.

Hiernach würde anscheinend die schlesische Weymuthskiefer gegen jene aus Wisconsin etwas zurückstehen (371 gegen 385), jenen aus Ansbach aber annähernd gleichwerthig sein.

---

[1]) Mayr, die Waldungen von Nordamerika. München 1890, S. 201 und 202.

Wenn man jedoch die Verschiedenheit der Untersuchungsmethode bedenkt und auch berücksichtigt, dass das Gewicht von Stamm zu Stamm erheblich wechselt, so dürfte aus diesen Zahlen ein Schluss zu Ungunsten der schlesischen Weymuthskiefer nicht gezogen werden können. Wahrscheinlich ist das etwas höhere Gewicht der Weymuthskiefer aus Wisconsin ebenso wie jenes von Stamm II aus Trippstadt lediglich durch die langsamere Jugendentwickelung, in Amerika Naturverjüngung, bedingt.

Das Durchschnittsgewicht der drei Stämme aus Schelitz J. 60 mit 387 ist trotz der verschiedenen Begründungsweise ebenso hoch, wie das im Censusbericht angegebene.

Ein Zusammenhang zwischen Stammklasse, Raumgewicht und Druckfestigkeit lässt sich nicht nachweisen, wie nachstehende Zusammenstellung zeigt:

Stamm-Nr.	7	9	8	10	11
Brusthöhendurchmesser cm:	50,1	40,0	35,6	30,3	18,6
spezifisches Trockengewicht:	373	348	332	387	346
Druckfestigkeit:	395	366	405	461	346

Stamm 8, annähernd der Mittelstamm des ganzen Bestandes (Mitteldurchmesser 35,0), besitzt das geringste Raumgewicht, nach den stärkeren Stammklassen zu scheint das Gewicht regelmässig zu steigen, nach abwärts lässt sich eine Gesetzmässigkeit dagegen überhaupt nicht feststellen.

Noch unregelmässiger gestaltet sich die Reihe der Zahlen für durchschnittliche Druckfestigkeit.

Das vorliegende Material ist auch benutzt worden, um Messungen über den Antheil des Splint- und Kernholzes an der Zusammensetzung des Baumkörpers auszuführen. Die Resultate der Messungen sind in Tabelle X zusammengestellt.

Bemerkenswerth ist namentlich das gegenüber der gemeinen Kiefer erheblich höhere Kernholzprozent der Weymuthskiefer.

Für das unberindete Volumen der ganzen Stämme beträgt dieses bei:

Stamm	1	64,8 %
"	2	67,5 "
"	3	55,8 "
"	4	59,3 "
"	5	55,3 "
"	6	60,0 "
"	7	67,1 "
"	8	64,4 "
"	9	72,1 "

Aus dem Gesammtinhalt dieser 9 Stämme an Kernholz berechnet sich ein durchschnittliches Prozent von 64,0 %, während die Kiefer der Provinz Brandenburg im 100jährigen Alter nur ein solches von durchschnittlich 35 % besitzt[1]).

Auf eine nähere Erörterung dieser Verhältnisse soll hier nicht eingegangen werden, weil sie nicht in das Bereich der vorliegenden Untersuchung gehören, und Herr Forstassessor Dr. Bertog über das Splintholz der Weymuthskiefer sowie noch einiger anderen Holzarten demnächst eine besondere Mittheilung veröffentlichen wird.

Bezüglich der Volumen-Schwindung ist Folgendes hervorzuheben:

Das durchschnittliche Schwindeprozent beträgt bei einer Stammhöhe von

1	4	9	13	18	22 m
8,8	10,5	9,3	9,3	8,9	7,9 %.

Das Schwindeprozent ist also etwa in der Höhe von 4 m am grössten, nimmt dann von hier aus nach oben langsam, nach unten rasch ab und beträgt in den mittleren Stammtheilen, ebenso wie in Brusthöhe ungefähr 9 %.

Das Schwindeprozent des in verschiedenen Altersperioden erzeugten Holzes zeigt folgenden Verlauf:

Altersperiode:	0—30	31—60	61—90	91—100
	7,9	8,4	9,9	11,1 %

Das Schwindeprozent nimmt demnach von innen nach aussen regelmässig zu.

Das durchschnittliche Schwindeprozent der Weymuthskiefer mit 9,1 % ist erheblich geringer als jenes der übrigen untersuchten Holzarten und bildet einen wesentlichen Vorzug für verschiedene Verwendungsarten.

Das geringe Schwindeprozent ist um so auffallender, als die Weymuthskiefer anscheinend sehr wasserreich ist und frisch gefällte Stämme sogar aus dem Kernholz am Stockende bei mässigem Druck Wasser austreten lassen. Es scheinen demnach die Lumina der Zellen ganz oder doch grossentheils mit Wasser gefüllt zu sein.

---

[1]) Schwappach, Beiträge zur Kenntniss der Qualität des Kiefernholzes, Zeitschr. f. Forst- und Jagdwesen 1892, S. 87.

2. Druckfestigkeit.

Der durchschnittliche Verlauf der Druckfestigkeit am Einzelstamm wird durch folgende Zahlen dargestellt:

Die Druckfestigkeit beträgt

bei	1,3	4	12	17	21 m Höhe
	464	434	440	426	375 kg pro qcm,

die untersten Stammtheile besitzen also die höchste Druckfestigkeit, diese nimmt zuerst rasch ab, bleibt dann in den mittleren Theilen ziemlich gleichmässig und sinkt nach oben hin wieder rascher.

Fast alle Stämme zeigen etwa in der Mitte ein geringes Ansteigen der Druckfestigkeit, welches auch in obigen Durchschnittswerthen zum Ausdruck gelangt.

Die durchschnittliche Druckfestigkeit sämmtlicher 10 Stämme beträgt 418 kg pro qcm.

Das Verhältniss zwischen Druckfestigkeit, Lufttrockengewicht und absolutem Trockengewicht ist in nachstehender Tabelle XI enthalten:

Einer Druckfestigkeit von x kg pro qcm	entspricht ein Lufttrockengewicht von	absolutes Trockengewicht von
380	366	*360*
400	370	*364*
420	374	*367*
440	380	*372*
460	387	*378*
480	396	*386*
500	405	*394*
520	415	*402*

Das geringe Schwindeprozent der Weymuthskiefer gelangt auch in diesen Zahlen zum Ausdruck, denn der Unterschied zwischen Lufttrockengewicht und absolutem Trockengewicht beträgt im Mittel nur etwa 2 %. Vom gesammten Wassergehalt bildet das in den Zellwänden imbibirte bloss einen kleinen Theil, und bei einer Lufttrockenheit, wie sie nach etwa 1½ jährigem Lagern erreicht wird, kommen erhebliche Veränderungen beim Uebergang zum Zustand absoluter Trockenheit nicht mehr vor.

3. Ergebnisse:

1. Als Grenzwerthe für spezifisches Trockengewicht und Druckfestigkeit sind am vorliegenden Material gefunden worden:

a) spezifisches Trockengewicht

α) für einzelne Zuwachsperioden:

Maxim. **467** (Nr. 2 S. I, Pr. 61/90) u. **457** (Nr. 10 S. I, Pr. 61/75).
Minim. **322** (Nr. 10 S. VI, Pr. 75—120) u. **325** (Nr. 8 S. VI, Pr. 75/98).

β) für ganze Sektionen:

Maximum **423** (Nr. 2 S. I) und **419** (Nr. 5 S. I).
Minimum **327** (Nr. 8 S. II und III).

b) Druckfestigkeit

Maximum **546** (Nr. 5 S. Ib) und **520** (Nr. 2 S. Ia).
Minimum **314** (Nr. 7 S. Ib) und **321** (S. 11 Ib).

2. Als Durchschnittswerthe ganzer haubarer Stämme sind ein absolutes Trockengewicht von 37 und eine Druckfestigkeit von 420 anzunehmen.

3. Bemerkenswerth ist das geringe Schwindeprozent des Weymuthskiefernholz mit nur 9 %.

4. Bei der gemeinen Kiefer entspricht einem spezifischen Trockengewicht von 49 eine Druckfestigkeit von 450, bei der Weymuthskiefer dagegen einem Trockengewicht von 37 eine Druckfestigkeit von 420. Da die Festigkeit des Holzes im gewöhnlichen Verkehr nach der Schwere beurtheilt wird, so steht das Weymuthskiefernholz weniger im Ansehen, als es nach den Ergebnissen der Druckversuche verdient.

Die Ermittelungen haben ergeben, dass die Weymuthskiefer beim 100jährigen Alter auf Kiefernboden Massen von 600 bis 1000 fm Derbholz erzeugt, also in dieser Hinsicht mit der Fichte auf deren Standort rivalisirt. Das Holz besitzt eine erheblich grössere Druckfestigkeit, als bisher angenommen wurde und schwindet ausserordentlich wenig. Letztere Eigenschaft in Verbindung mit dem geringen Gewicht bedingt für viele Verwendungszwecke (namentlich zur Möbelfabrikation!) eine hohe Brauchbarkeit.

Im Hinblick auf die waldbaulichen Vorzüge der Weymuthskiefer, ihre hohe Massenproduktion bei verhältnissmässig kurzen Umtrieben und die guten technischen Eigenschaften ihres Holzes verdient diese Holzart eine weit höhere Berücksichtigung im forstlichen Betriebe, als ihr gegenwärtig noch zu Theil wird.

IV. Rothbuche[1]).

Von den zur Untersuchung über die Holzqualität benutzten 44 Stämmen stammen 34 aus verschiedenen Theilen des nordwestdeutschen Buchengebietes (Vorharz, Ith, Egge und Solling), 4 aus der Mark und 6 aus Pommern.

Die Ermittelung der Druckfestigkeit und des Raumgewichtes wurde jedoch nur für die 34 in den Anlagen XVI—XX behandelten Stämme vollständig durchgeführt, von 8 Stämmen (Nr. 33—40) ist nur je eine Scheibe in Brusthöhe untersucht worden, Stamm Nr. 1 und 2 haben zur Ermittelung des Einflusses des „rothen Kernes" auf die Holzqualität gedient.

I. Spezifisches Trockengewicht und Schwindeverhältnisse.

Die Untersuchungen über das spezifische Trockengewicht haben folgendes Ergebniss geliefert:

1. Das Trockengewicht nimmt am Einzelstamm im Allgemeinen von unten nach oben bis in die Nähe des Kronenansatzes ab, hier beginnt alsdann wieder eine Zunahme des Trockengewichtes, welche unter Umständen sehr bedeutend ist.

Das Maximum des Raumgewichtes liegt nicht immer in den untersten Stammtheilen, sondern häufig etwas höher, etwa bei 4 m, das geringste Raumgewicht ist etwa bei $^2/_3$ der Totalhöhe zu finden.

Der Verlauf des Raumgewichtes ist keineswegs regelmässig wie z. B. bei der Kiefer, sondern sprungweise mit verschiedenen Schwankungen. Die graphische Darstellung zeigt daher eine Zickzacklinie.

---

[1]) Nachstehende Darstellung enthält eine theilweise Neubearbeitung aus meiner Veröffentlichung: »Beiträge zur Kenntniss der Qualität des Rothbuchenholzes« Zeitschr. f. Forst- und Jagdwesen 1894, S. 513 ff.

Die Unterschiede zwischen den Grenzwerthen des Raumgewichtes am einzelnen Stamm sind individuell sehr verschieden und hängen weder mit dem Alter noch mit dem Standort zusammen.

2. Mit zunehmendem Alter sinkt das Raumgewicht des in der betreffenden Zuwachsperiode erzeugten Holzes, wie Tabelle XII näher zeigt.

Tabelle XII.

Durchschnittliches spezifisches Trockengewicht
des in den verschiedenen Zuwachsperioden erzeugten Holzes.

Altersklasse	a. Trockenvolumen: Trockengewicht pro Kubikmeter Trockenvolumen in der Periode							b. Frischvolumen: Trockengewicht pro Kubikmeter Frischvolumen in der Periode							Anzahl der untersuchten Stämme
	0/30	31/60	61/90	91/120	121/150	151/180	181/210	0/30	31/60	61/90	91/120	121/150	151/180	181/210	
Jahre	Kilogramm							Kilogramm							
I. II. u. III. Standortsklasse															
1. Chorin und Mühlenbeck.															
61—90	667	653	656	—	—	—	—	566	572	556	—	—	—	—	4
200—230	751	699	713	700	671	632	622	637	589	587	581	559	532	525	4
2. Nordwestdeutschland.															
60—90	695	675	646	—	—	—	—	591	577	556	—	—	—	—	6
91—120	717	669	654	648	—	—	—	616	576	561	553	—	—	—	6
121—150	715	679	660	636	625	—	—	597	574	559	542	535	—	—	6
Durchschnitt	709	674	653	642	625	—	—	601	576	559	548	535	—	—	18
IV. u. V. Standortsklasse.															
Nordwestdeutschland.															
121—150	692	674	655	631	614	—	—	582	568	552	542	530	—	—	6

Die rechnungsmässigen Durchschnitte des totalen periodischen Trockengewichtes sämmtlicher 34 Stämme ergeben folgende Werthe:

	0—30	31—60	61—90	91—120	121—150	151—180	181—210
Trockengewicht des während der Periode erzeugten Holzes	705	677	663	650	632	632	622
Durchschnittsgewicht des ganzen Stammes am Ende der Periode	705	679	672	665	659	675	666

In sämmtlichen Reihen zeigt sich, dass das schwerste Holz in den frühesten Lebensaltern erzeugt wird; die Abnahme des Gewichtes erfolgt zuerst rasch, später langsamer. Die Schwankung bei den sehr alten Stämmen aus Chorin rührt lediglich vom Wachsthumsgang (Freistellung!) her.

Aus der Betrachtung der Vertikalspalten ergiebt sich noch weiter, dass eine Veränderung im Gewicht des einmal erzeugten Holzes mit zunehmendem Alter vor Beginn der Zersetzung nicht eintritt. Massgebend hierbei sind die Zahlen für das Trockengewicht im Frischvolumen der 18 nordwestdeutschen Stämme. Beim Trockenvolumen macht sich das verschiedene Schwindeprozent störend bemerkbar, die 4 Stämme von Chorin haben ein ganz auffallend hohes Raumgewicht und können daher nicht mit den Stämmen aus Mühlenbeck verglichen werden.

3. Das Holz, welches während einer Lichtstandsperiode erzeugt wurde, übertrifft jenes der unmittelbar vorausgehenden Perioden sehr bedeutend an Raumgewicht.

Dieses zeigt sowohl Tabelle III bei den beiden Stämmen Nr. 41 und 42, für welche in dem Alter von 210—230 Jahren das spezifische Trockengewicht 721 bezw. 678 betragen hat, jenes der vorausgegangenen 30jährigen Periode aber nur 602 bezw. 616, als auch Stamm 2, welcher zu den weiter unten zu besprechenden Untersuchungen über den Einfluss des ersten Kernes benutzt worden ist. Bei letzterem ergab sich eine Steigerung des spezifischen Trockengewichts von 597 auf 642.

4. Um zu ermitteln, ob die Standortsgüte einen Einfluss auf das Raumgewicht äussert, sind nicht nur mehrfache Zusammenstellungen des Raumgewichtes nach den Standortsklassen, sondern auch besondere Untersuchungen vorgenommen worden.

Letzteres ist in dem Distrikt 15 der Oberförsterei Kupferhütte geschehen.

Dieser umfasst eine Bergwand, welche von unten nach oben hin sehr verschiedene Standortsklassen von der II. bis zur V. sinkend enthält. Hier, wo alle übrigen Wachsthumsfaktoren vollständig gleichartig sind, sollte der Einfluss des Standortes auf Raumgewicht und Druckfestigkeit am reinsten hervortreten. Die Betrachtung der Zahlen für die 10 Stämme Nr. 23—32, welche den verschiedenen Bonitäten entnommen sind, in Anlage XVI zeigt, dass ein Unterschied hier nicht vorhanden ist.

In der Zusammenstellung in Tabelle XII auf S. 40, wo nicht nur Stämme aus Kupferhütte, sondern auch aus anderen

Theilen Nordwestdeutschlands bei Berechnung des periodischen Trockengewichtes zusammengefasst sind, bleiben die Stämme der IV. und V. Standortsklasse allerdings gegen die besseren Bonitäten etwas zurück, immerhin ist aber der Unterschied jedenfalls nur höchst geringfügig.

5. Der Einfluss der Stammklasse auf Raumgewicht und Druckfestigkeit ist an den 8 Stämmen Nr. 33—40 untersucht worden, welche dem Distrikt 31 der Oberförsterei Kupferhütte, 90 jährig, entnommen sind. Für die vorliegende Frage schien es ausreichend, wenn nur die in Brusthöhe entnommenen Probescheiben untersucht wurden.

Die erhaltenen Werthe für Raumgewicht und Druckfestigkeit sind folgende:

Tabelle XIII.

	Stamm Nr. 37	Stamm Nr. 39	Stamm Nr. 33	Stamm Nr. 40	Stamm Nr. 36	Stamm Nr. 38	Stamm Nr. 35	Stamm Nr. 34
Scheitelhöhe	10,2	12,0	12,0	12,8	12,3	16,1	16,1	13,4
Brusthöhendurchmesser cm .	10,6	11,6	12,1	13,5	14,3	19,2	18,5	22,4
Spezifisches Trockengewicht .	706	728	693	711	739	713	658	702
Druckfestigkeit	616	640	544	608	668	629	626	585

Diese Zahlen zeigen, dass, wie auch Hartig angiebt, ein gesetzmässiger Zusammenhang zwischen Raumgewicht und Druckfestigkeit einerseits sowie Stammklasse andererseits nicht besteht, sondern dass die vorhandenen Unterschiede lediglich individueller Natur sind.

6. Um den Einfluss des Wachsthumsgebietes auf das Raumgewicht zu untersuchen, habe ich die von mir gefundenen Zahlen mit den von Hartig für die bayerische Hochebene (Grafrath, Bruck, Starnberg), die Rheinpfalz (Kriegsfeld) und den Spessart (Rothenbuch) angegebenen Werthen zusammengestellt.

Die Gewichte für die bayerische Hochebene und den Spessart sind aus Hartig's Erfahrungstafeln für diese Gebiete entnommen, sie weichen zwar etwas, aber doch nur sehr unbedeutend von dem einfachen arithmetischen Mittel der sämmtlichen Probestämme aus diesen Gebieten ab.

Für die Pfalz sind die Durchschnittswerthe aus den Hartigschen Angaben eingesetzt, es bleibt jedoch zu berücksichtigen, dass hier nur 5 Stämme zur Verfügung standen.

Die Angaben für Nordwestdeutschland sind meinem Material für dieses Gebiet entnommen.

Für die norddeutsche Tiefebene habe ich nur die Zahlen bis zum 90jährigen Alter gegeben, weil bis dahin wenigstens 8 Stämme zur Verfügung standen, während Ermittelungen für höhere Alter nur an 4 Stämmen aus der Oberförsterei Chorin vorgenommen worden waren, welche noch dazu ein auffallend hohes Raumgewicht zeigen.

Nach der Zahl der grundlegenden Positionen sind beim Vergleich in erster Linie die Werthe für die bayerische Hochebene (21 Stämme), Spessart (14 Stämme) und Nordwestdeutschland (26 Stämme) zu benutzen.

Wenn ich die von mir gefundenen Zahlen mit den von Hartig angegebenen zusammenstelle, so findet sich folgende Reihe:

Spezifisches Trockengewicht im Alter:	30	60	90	120
1. Bayerische Hochebene (Grafrath, Bruck, Starnberg)	759	718	697	685
2. Pfalz (Kriegsfeld)	—	728	685	668
3. Spessart (Rothenbuch)	735	686	672	662
4. Norddeutsche Tiefebene (Chorin, Mühlenbeck)	709	689	688	—
5. Nordwestdeutschland	703	676	667	656

Diese Durchschnittswerthe zeigen eine ziemlich regelmässige Abnahme von Süden nach Norden, die Gewichte der Stämme aus der norddeutschen Tiefebene, den besten Standorten auf Diluvialmergel entnommen und der I. Bonität angehörig, stehen über dem Durchschnitt des nordwestdeutschen Berglandes und nähern sich, in den höheren Lebensaltern wenigstens, den Zahlen für Süddeutschland.

7. Schwindeprozent. Hartig nimmt an, dass dieses als eine einfache Funktion des Raumgewichtes aufgefasst werden könne und mit diesem steige.

Bei Zusammenstellung aller spezifischen Trockengewichte mit gleichem Schwindeprozent habe ich dagegen bei meinem Material gerade in den Gruppen, wo Durchschnittswerthe aus einer sehr grossen Anzahl (70—80) Einzelpositionen zur Verfügung standen, sehr unregelmässige Schwankungen gefunden.

Dagegen zeigte es sich, dass ein regelmässiger Zusammenhang zwischen Alter und Schwindeprozent besteht. Bei einer Zusammenstellung nach diesem Prinzip bin ich zu folgenden Zahlen gelangt:

Altersperiode:	0—30	31—60	61—90	91—120	120—150
Schwindeprozent:	15,2	15,1	15,3	14,9	14,4

Das Schwindeprozent ist demnach etwa bis zum 90jährigen Alter ziemlich gleich und beträgt etwas über 15 %, in den höheren Lebensaltern tritt eine nicht sehr beträchtliche Abnahme ein, welche jedenfalls erheblich geringer ist als jene des Raumgewichtes.

Auch die Vergleichung der Volumina im frischen und absolut trockenen Zustand sowohl für die ganzen Stämme als für den periodischen Zuwachs ergaben den gleichen Betrag von 15 % mit nur sehr geringen Abweichungen nach oben und unten.

Als Durchschnittssatz für die Volumenschwindung des Buchenholzes sind daher 15 % anzunehmen.

2. Druckfestigkeit.

Bezüglich des Verhaltens der Druckfestigkeit am Einzelstamm ist Folgendes zu bemerken:

Wie Tafel III ersehen lässt, gestaltet sich der Verlauf der Druckfestigkeit, ebenso wie jener des Raumgewichtes bei der Buche so unregelmässig, dass sich kaum ein allgemein gültiges Gesetz hierfür aufstellen lässt.

Fast durchweg findet sich unterhalb der Krone etwa bei zwei Drittel der Totalhöhe, entsprechend dem Minimum an Raumgewicht auch die Stelle mit der geringsten, oder doch wenigstens mit einer sehr geringen Druckfestigkeit, von hier steigt die Druckfestigkeit nach oben hin fast ausnahmslos an.

Das Maximum der Druckfestigkeit liegt nicht, wie jenes des Raumgewichtes, stets in den untersten Stammtheilen, sondern etwa bei der Hälfte der untersuchten Stämme etwas höher, ungefähr bei 4 m über dem Boden.

Auf dieses Verhältniss hat das Alter ebensowenig einen Einfluss wie der Standort.

Bezüglich der technischen Verwendung des Buchenholzes dürfte aus diesen Zahlen der Schluss zu ziehen sein, dass es ziemlich gleichgültig ist, welcher Theil des Stammes gewählt wird.

Die Grenzen, innerhalb welcher die Druckfestigkeit beim

Einzelstamm schwankt, sind ziemlich weite und die Extreme bezüglich der Druckfestigkeit liegen weiter auseinander, als jene des Raumgewichtes.

Wenn man untersucht, welche Momente die mittlere Druckfestigkeit der verschiedenen Stämme beeinflussen, so scheint nach dem vorliegenden Material der Schluss gerechtfertigt, dass die Druckfestigkeit als eine Funktion des Alters angesehen werden darf.

Ordnet man die untersuchten Stämme nach dem Alter und berechnet die Durchschnitte aus den ungefähr gleichalten Stammgruppen, so ergiebt sich folgende Reihe:

Stammnummer	Alter	durchschnittliche Druckfestigkeit	
11 u. 12	64	554	546
21 u. 22	65	538	
7 u. 8	82	615	596
3, 4, 5 u. 6	84	586	
9 u. 10	95	551	558
15 u. 16	98	566	
13 u. 14	110	555	528
19 u. 20	117	501	
23 bis 32	137	526	525
17 u. 18	143	520	
43 u. 44	200	477	466
41 u. 42	220	455	

Die Druckfestigkeit des Buchenholzes steigt demnach zunächst mit dem Alter, erreicht zwischen 80 und 90 Jahren ein Maximum und sinkt etwa vom 100jährigen Alter an ziemlich rasch und gleichmässig.

Diese hier experimentell festgestellte Thatsache stimmt mit der bekannten Annahme überein, dass das 80- bis 100jährige Buchenholz besser und namentlich brennkräftiger sein soll, als das ganz alte.

Ueberraschend ist die sehr erhebliche Abnahme der Druckfestigkeit im höheren Alter.

Anderweitige Momente, wie Standort und Bonität treten dem Einflusse des Alters gegenüber im gleichen Wachsthumsgebiet vollständig zurück.

Zur Lösung der Frage, inwieweit das Wachsthumsgebiet einen Einfluss auf die Druckfestigkeit ausübt, genügt zwar das vorliegende Material nur unvollkommen.

Indessen scheint ein solcher hinsichtlich der Druckfestigkeit noch in höherem Maasse zu bestehen wie hinsichtlich des Raumgewichtes.

Die mittelalten Stämme des nordwestdeutschen Kalkgebietes und ebenso jene vom Diluvialmergel der Ostsee zeichnen sich gegenüber den ungefähr gleichalten Stämmen vom Harz und Solling entschieden durch gleichmässig vorhandene grössere Druckfestigkeit aus.

Die 11 jüngeren Stämme Nr. 3—6 und 9—16 von Kalk- bezw. Mergelboden haben eine solche von durchschnittlich 563, die 16 Stämme vom Harz und Solling (Nr. 7, 8 und 19—32) dagegen nur 536.

Dieses Ergebniss stimmt auch mit der allgemeinen Werthschätzung der „Kalk"-Buchen jener Gebiete überein.

3. Beziehungen zwischen Raumgewicht und Druckfestigkeit.

Die Beziehungen zwischen Raumgewicht und Druckfestigkeit sind bei der Rothbuche weniger einfach als bei den Nadelhölzern, bei denen sie sich annähernd wenigstens durch eine gerade Linie darstellen lassen.

Auf Raumgewicht sowohl als auf Druckfestigkeit ist das Alter von Einfluss, während aber ersteres periodisch und für die ganzen Stämme fortwährend sinkt, in der Jugend rascher, dann langsamer, steigt die Druckfestigkeit zunächst an, erreicht ein Maximum und nimmt alsdann regelmässig ab.

Bemerkenswerth erscheint auch, dass die vier sehr alten Stämme aus der Oberförsterei Chorin (Nr. 41—44) zwar die geringste Druckfestigkeit, aber ein sehr hohes Raumgewicht aufweisen.

Da eine vorläufige Betrachtung zeigte, dass diese Stämme doch immerhin eine Ausnahmsstellung einnehmen, so wurden sie weiterhin nicht mehr berücksichtigt, um bessere Durchschnittswerthe zu gewinnen.

Trotzdem zeigte auch die Zusammenstellung der Zahlen immerhin noch verhältnissmässig bedeutende Schwankungen, durch deren Ausgleichung auf graphischem Wege eine Curve entsteht, aus welcher nachstehende Werthe für den Zusammenhang des spezifischen Trockengewichtes und der Druckfestigkeit abgelesen werden können:

Zu einer Druckfestigkeit von x kg pro qcm	gehört ein	spezifisches Trockengewicht von
460		593
480		617
500		636
520		657
540		663
560		673
580		681
600		687
620		692
640		696

Die Druckfestigkeit steigt demnach in einem rascheren Verhältniss als das Raumgewicht und alle Ursachen, welche eine Zunahme des Raumgewichtes bedingen, wirken daher in noch höherem Grade günstig auf die Druckfestigkeit ein.

4. Einfluss des rothen Kerns auf Raumgewicht und Druckfestigkeit.

Das Material für diese allerdings nicht sehr umfangreiche Untersuchung ist aus einem 270jährigen Buchenbestand der Oberförsterei Mühlenbeck entnommen, welcher pro ha nur etwa 100 Stämme enthält, aber trotzdem noch ziemlich geschlossen ist.

Dieser Bestand verdient auch insofern Beachtung, als die vorhandenen mächtigen Stämme eine ausserordentlich langsame Entwickelung bis zu einem, dem gewöhnlichen Abtriebsalter entsprechenden Zeitpunkt aufweisen.

Stamm Nr. 1 hatte bei der Nutzung einen unberindeten Durchmesser in Brusthöhe von 75,5 cm, Stamm Nr. 2 einen solchen von 64,3 cm, im Alter von 130 Jahren waren die entsprechenden Beträge erst 15,1 und 12,4 cm!

Den genannten beiden Stämmen wurden für je 6 Sektionen Probestücke entnommen, von denen je eines dem rothen, etwa die innersten 180 Jahre umfassenden Kerne und ein zweites der sich hieran anschliessenden äusseren weissen Holzschicht angehörte.

Da Stamm Nr. 2 ausserdem noch während der letzten 20 Jahre einen ganz auffallenden Lichtstandszuwachs zeigte, so bot sich hier eine sehr günstige und selten vorhandene Gelegenheit, sowohl die Druckfestigkeit als auch das Raumgewicht eines im ungewöhnlich hohen Alter eintretenden Lichtstandszuwachses zu ermitteln.

Der durchschnittliche jährliche Durchmesserzuwachs während der Lichtstandsperiode hat 5,2 mm betragen, jener für die vorausgegangenen 10 Jahre dagegen nur 2,2 mm.

Die zahlenmässigen Ergebnisse dieser Untersuchung sind folgende:

Tabelle XIV.

Stamm Nr. 1.

Nummer der Sektion	Höhe am Stamm m	Druckfestigkeit		Raumgewicht	
		rother Kern	weisses Holz	rother Kern	weisses Holz
I	1,1	381	406	645	635
II	5,5	477	467	656	580
III	9,7	524	556	631	575
IV	14,0	525	421	651	617
V	17,3	465	457	649	593
VI	20,6	535	480	588	576
Ganzer Stamm		487	455	655	599

Stamm Nr. 2.

Nummer der Sektion	Höhe am Stamm	Druckfestigkeit			Raumgewicht		
		rother Kern	weisses Holz	Lichtstandsperiode	rother Kern	weisses Holz	Lichtstandsperiode
I	1,1	530	476	594	619	698	647
II	4,5	553	512	650	589	563	652
III	8,7	528	528	616	607	561	698
IV	12,9	529	534	623	588	591	617
V	17,2	579	605	582	617	588	638
VI	21,4	—	468	544	—	603	599
Ganzer Stamm		544	534	602	603	597	642

Beide Stämme zeigen übereinstimmend, dass die Bildung des rothen Kerns, solange das Holz nicht schon in mit dem blossen Auge wahrnehmbare starke Zersetzung in Folge Pilzwucherung übergegangen ist, keineswegs einen so ungünstigen Einfluss auf die Qualität des Holzes hat, wie öfters angenommen wird.

Die anatomischen Veränderungen durch Thyllenbildung, welche die Durchtränkung des rothen Kerns mit fäulnisswidrigen Stoffen bei der Imprägnirung hindert, kommt hier nicht in Betracht.

Die Druckfestigkeit sowohl als auch das Raumgewicht des rothen Kerns ist in beiden Fällen für den ganzen Stamm grösser, als in den noch unversehrten weissen Holzschichten, entspricht also dem normalen Verhalten gesunder Holzschichten.

Im Einzelnen sind bald die Zahlen des rothen Kernes, bald jene des „Splintholzes“ höher.

Besondere Berücksichtigung verdient die ganz gewaltige Steigerung sowohl des Raumgewichtes als auch der Druckfestigkeit des während der Lichtstandsperiode erzeugten Holzes, welches nicht bloss bezüglich des Durchschnittes, sondern auch mit jedem einzelnen Werth fast durchweg sehr erheblich über der entsprechenden Grösse jüngerer Altersperioden steht.

Unter diesen Umständen liegt die Annahme nahe, dass es möglich ist, durch stärkere Unterbrechung des Bestandesschlusses das Sinken von Raumgewicht und Druckfestigkeit im höheren Alter zu verhindern und so auf eine Verbesserung der durchschnittlichen Holzqualität des ganzen Stammes hinzuwirken.

5. Ergebnisse.

Die Ergebnisse der Untersuchungen über das Rothbuchenholz lassen sich in folgenden Sätzen zusammenfassen:

1. Die Grenzwerthe für spezifisches Trockengewicht und Druckfestigkeit sind für das vorliegende Material:

a) spez. Trockengewicht

α) für einzelne Zuwachsperioden:

Maxim. **795** (Nr. 7 S. I, Pr. 61/90) u. **786** (Nr. 44 S. VI, Pr. 61/90).
Min. **522** (Nr. 29 S. II, Pr. 121/150) u. **528** (Nr. 23 S. IV, Pr. 121/150).

β) für ganze Sektionen:

Maximum **749** (Nr. 16 S. I) u. **746** (Nr. 1 S. I).
Minimum **562** (Nr. 29 S. IV) u. **567** (Nr. 23 S. IV).

b) Druckfestigkeit:

Maximum **896** (Nr. 8 S. II b) u. **707** (Nr. 7 S. IV a).
Minimum **340** (Nr. 29 S. IV a) u. **415** (Nr. 23 S. VI b).

Als Mittelwerthe ganzer, haubarer Stämme können angenommen werden: ein spezifisches Trockengewicht von 67 und eine Druckfestigkeit von 540.

2. Da das Raumgewicht mit dem Alter sinkt, so besitzen jüngere Stämme ein höheres Durchschnittsgewicht als ältere, doch sind diese Unterschiede innerhalb der für den forstlichen Betrieb in Betracht kommenden Altersgrenzen nicht sehr bedeutend.

Grössere Unterschiede treten bei der Druckfestigkeit hervor. Letztere ist im Alter von 80—100 Jahren am höchsten und nimmt von da an zuerst langsam, dann ziemlich rasch ab.

3. Für das untersuchte Gebiet lässt sich ein durchgreifender Unterschied hinsichtlich des Raumgewichtes und der Druckfestigkeit nach Standortsklassen nicht feststellen.

4. Innerhalb Deutschlands ist ein Einfluss der verschiedenen Wachsthumsgebiete auf das Raumgewicht vorhanden und dürfte dieses im Grossen und Ganzen von Süden nach Norden abnehmen.

Bezüglich der Druckfestigkeit ist das vorliegende Material nicht ausreichend, um die Einwirkung der Wachsthumsgebiete nachzuweisen, es scheint jedoch, dass die Buchen aus dem Kalkgebiet Nordwestdeutschlands und den besseren Standorten der Ostseeküste jene vom Harz und Solling an Druckfestigkeit übertreffen.

5. Raumgewicht und Druckfestigkeit werden durch Lichtstand gegenüber jenem des in der gleichen Periode in engem Bestandesschluss erzeugten Holzes erhöht.

Stärkere Durchforstungen und Lichtungen empfehlen sich daher bei der Buche, weil sie beim Einzelstamm nicht nur die Menge sondern auch die Güte des produzirten Holzes steigern.

6. Die Bildung des rothen Kernes beeinflusst Raumgewicht und Druckfestigkeit solange nicht ungünstig, als nicht bereits Zersetzung durch Pilzwucherung eingetreten ist.

V. Rückblick auf die wichtigsten Ergebnisse.

Eine vergleichende Betrachtung der Ergebnisse vorliegender Untersuchungen über das Holz der Kiefer, Fichte, Weisstanne, Weymuthskiefer und Rothbuche führt zu folgenden Schlüssen:

Das Raumgewicht und die Druckfestigkeit hängen ab: von der Holzart, und bei gleicher Holzart: vom Stammtheil, Alter, Wachsthumsgebiet, Standortsgüte und wenigstens bei der Kiefer auch vom Prozentsatz des Sommerholzes, bei den übrigen Holzarten sind Ermittelungen über den Einfluss des Sommerholzes auf Raumgewicht und Druckfestigkeit nicht angestellt worden.

1. Das gegenseitige Verhalten des Raumgewichtes der verschiedenen Holzarten geht sowohl aus der graphischen Darstellung auf Tafel IV als auch aus nachstehender Zusammenstellung hervor.

Tabelle XV.

Holzart	im Mittel	Spezifisches Trockengewicht			
		Grenzwerthe für einzelne Zuwachsperioden		Grenzwerthe für ganze Sektionen	
		Maximum	Minimum	Maximum	Minimum
Rothbuche . .	67	795	522	749	562
Kiefer	49	778	299	677	326
Fichte	46	621	261	563	371
Weisstanne . .	41	488	315	477	354
Weymuthskiefer	37	467	322	423	327

Wenn man das gesammte Material gemeinschaftlich betrachtet, so steht hinsichtlich des durchschnittlichen Raum-

4*

gewichtes die Rothbuche bei weitem obenan, dann folgen: Kiefer, Fichte, Weisstanne und schliesslich die Weymuthskiefer.

Ein erheblich anderes Bild zeigt die Zusammenstellung der Druckfestigkeit, hier gestaltet sich die Reihenfolge nach den Durchschnittswerthen und den Extremen folgendermaassen:

Tabelle XVI.

Holzart	Druckfestigkeit in kg pro qcm		
	im Mittel	Maximum	Minimum
Rothbuche . .	540	896	340
Kiefer	480	708	215
Fichte	460	618	328
Weymuthskiefer	420	546	314
Weisstanne . .	400	585	276

Wenn man sowohl beim Raumgewicht als bei der Druckfestigkeit die Werthe der Rothbuche mit 100 bezeichnet, so ist die Abstufung für die übrigen Holzarten folgende:

	Kiefer	Fichte	Weisstanne	Weymuthskiefer
spezifisches Trockengewicht:	73	69	61	57
Druckfestigkeit:	89	85	74	78

Hinsichtlich des Raumgewichtes übertrifft demnach die Rothbuche die übrigen Holzarten um wesentlich mehr, als hinsichtlich der Druckfestigkeit, während dort die geringste Verhältnisszahl 57 ist, beträgt sie hier nur 74.

Noch bemerkenswerther ist aber die Thatsache, dass die Weymuthskiefer zwar ein geringeres Raumgewicht besitzt als die Weisstanne des Thüringer Waldes, dagegen eine höhere Druckfestigkeit.

Möge dieses Ergebniss dazu beitragen, die Werthschätzung der Weymuthskiefer im Forsthaushalt sowohl als in der Industrie zu steigern!

Da Alter, Wachsthumsgebiet und Standortsgüte auf Raumgewicht und Druckfestigkeit ebenfalls von Einfluss sind, so kann sich die Reihenfolge der Holzarten für eine bestimmte Oertlichkeit oder wenigstens der Unterschied in der Güte nicht unerheblich modifiziren.

Noch grösser werden selbstverständlich die Schwankungen, wenn man einzelne Bäume oder gar Theile hiervon ins Auge fasst.

Die Minimalwerthe namentlich zeigen, wenn man vom Raumgewicht der Rothbuche absieht, für spezifisches Trockengewicht sowohl als für Druckfestigkeit eine sehr bedeutende Annäherung und eine von den Mittelwerthen erheblich abweichende Reihenfolge.

Bemerkenswerth ist ferner, dass das Kiefernholz ausnahmsweise in einzelnen Zuwachsperioden ein Raumgewicht erreicht, welches nur wenig hinter dem entsprechenden Maximum der Buche zurückbleibt.

2. Das Verhalten von Raumgewicht und Druckfestigkeit am Einzelstamm ist bei den untersuchten Holzarten sehr verschieden:

a. Raumgewicht:

Kiefer, Weymuthskiefer und Weisstanne zeigen übereinstimmend das höchste Raumgewicht in den untersten Stammtheilen, dieses sinkt dann nach oben hin zuerst rasch, dann ziemlich langsam, unmittelbar unter der Krone steigt es der Regel nach wieder an und zeigt innerhalb der Krone einen ganz unregelmässigen Verlauf.

Auch bei der Buche sinkt das Raumgewicht von unten nach oben, aber der Verlauf ist wesentlich unregelmässiger, das Maximum des Raumgewichtes liegt häufig nicht unten, sondern etwa bei 4 m, ebenso findet sich ein sehr entschieden ausgesprochenes Minimum etwa bei $^2/_3$ der Totalhöhe.

Am regellosesten ist der Verlauf bei der Fichte, hier liegt das schwerste Holz bei einer Höhe von etwa 4 m, nach mehrfachen Schwankungen erscheint meist noch ein zweites Maximum jedoch von geringerer Höhe in der Mitte des Stammes.

b. Druckfestigkeit:

Auch hier verhalten sich Kiefer, Weymuthskiefer und Weisstanne fast gleichmässig und zeigen einen gleichartigen Verlauf. Die grösste Druckfestigkeit liegt in den unteren Stammtheilen und nimmt nach oben hin ab, bis zu einem Minimum etwa in $^2/_3$ der Totalhöhe.

Fichte und Buche lassen dagegen eine regelmässige Anordnung der Druckfestigkeit nach den Stammtheilen nicht erkennen.

3. Bezüglich des Zusammenhanges zwischen Alter einerseits und Raumgewicht bezw. Druckfestigkeit andererseits lassen sich folgende Sätze aufstellen:

a. Raumgewicht:

Kiefer und Weymuthskiefer bauen bei normaler Entwickelung in der Jugend sehr leichtes Holz, das Gewicht des periodischen Zuwachses steigt dann rasch an bis zu einem Maximum, welches bei diesen Kiefern, anscheinend ebenso wie bei den übrigen Arten, ungefähr zwischen dem 60. und 70. Jahr erreicht wird, von hier ab sinkt dieses Gewicht zuerst langsamer, dann rascher.

Das Maximum des Durchschnittsgewichtes tritt in der Periode 90—120 Jahre ein.

Bei Fichte und Weisstanne ist die Entwickelung im Freistand von jener unter Schirm zu unterscheiden.

Bei von Jugend auf freierer Entwickelung wird zuerst sehr leichtes Holz erzeugt, dessen Gewicht bei beiden Arten etwa bis zum 100 Jahr zunimmt. Von hier ab zeigt die Fichte, für welche allein Material vorliegt, einen unregelmässigen Gang. Unter den günstigsten Verhältnissen scheint das Gewicht auch späterhin noch dauernd zu steigen, in anderen Fällen lässt sich ein Schwanken zwischen Zu- und Abnahme, im Durchschnitt etwa ein Gleichbleiben beobachten.

Das Durchschnittsgewicht der ganzen Stämme nimmt hier mit dem Alter zu.

Wenn sich Fichte, Kiefer und Tanne, und wahrscheinlich auch alle anderen Nadelhölzer, unter Schirm entwickeln, so entsteht bei langsamem Jugendwachsthum aus kleinen Zellen gebildetes Holz mit ziemlich hohem Raumgewicht.

Bei Eintritt vollen Lichtgenusses sinkt der Regel nach das Raumgewicht bis auf jenen Betrag, welcher dem Freistand für das betreffende Alter entspricht und verhält sich dann in der zuerst angegebenen Weise.

Bei sehr langdauerndem Schirmstand gelangt dieses Sinken überhaupt nicht mehr zur Erscheinung.

Einen wesentlich anderen Gang des Raumgewichtes als diese Nadelhölzer zeigt die Rothbuche, indem hier das schwerste Holz in der Jugend gebildet wird und das Gewicht des periodischen Zuwachses zuerst rasch, dann langsamer aber stetig abnimmt.

b) Druckfestigkeit:

Ueber die Veränderungen, welche die Druckfestigkeit mit dem wachsenden Alter des Baumes erfährt, liegen nur für die Kiefer, Fichte und Buche Materialien vor.

Bei der Kiefer und Fichte steigt die Druckfestigkeit mit dem Alter und ist gesundes, altes Holz fester als junges.

Anders gestaltet sich dieses Verhältniss bei der Buche, indem hier die Druckfestigkeit im Alter von 80 bis 100 Jahren am höchsten ist und dann abnimmt.

4. Nach der Volumenschwindung ordnen sich die untersuchten 5 Holzarten für 100—120jähriges Alter folgendermaassen:

Buche	15,0 %
Fichte	13,2 „
Kiefer, Weisstanne . . .	11,8 „
Weymuthskiefer . .	9,1 „

Die Rothbuche schwindet also am meisten, dann folgt die Fichte, ihr stehen Kiefer und Weisstanne mit ganz gleichem Schwindeprozent ziemlich nahe, während die Weymuthskiefer, wie bereits früher hervorgehoben wurde, durch sehr geringe Schwindung ausgezeichnet ist.

5. Zu den interessantesten und wichtigsten Ergebnissen der vorliegenden Untersuchung gehört die Feststellung des Einflusses, welchen die Wachsthumsgebiete auf die Güte des Holzes haben. Diese übertrifft meist jenen der Standortsgüte erheblich.

Für Kiefer, Fichte, Weisstanne und Buche treten diese Verhältnisse sehr klar hervor, andererseits ist bemerkenswerth, dass für die Weymuthskiefer ein solcher Unterschied nicht zu konstatiren war. Es muss jedoch betont werden, dass hier nur für Schlesien die Ergebnisse einer Mehrzahl von Stämmen vorliegen, während für die anderen Gebiete bloss einzelne Stämme untersucht wurden, so dass Zufälligkeiten nicht ausgeschlossen sind.

Ebenso ist es zu bedauern, dass für die Weisstanne, welche innerhalb Deutschlands horizontal und vertikal die Grenze ihres Vorkommens erreicht, so wenig Material vorliegt.

Es wäre dringend zu wünschen, dass diese interessanten Untersuchungen in anderen Staaten fortgesetzt würden.

Von Seiten der österreichischen Versuchsanstalt ist wenigstens für einen Theil des dortigen Fichtengebietes in Bälde eine Veröffentlichung zu erwarten.

6. Der Einfluss der Standortsgüte innerhalb der einzelnen Verbreitungsgebiete ist nicht bei allen Holzarten gleichmässig vorhanden.

Bei der Kiefer tritt er sehr deutlich hervor, schwächer bei der Fichte, bei der Buche war er wenigstens nicht nachweisbar.

7. Das Verhältniss zwischen Druckfestigkeit und Raumgewicht wechselt nicht nur nach Holzarten, sondern hängt auch bei der gleichen Holzart vom Wachsthumsgebiet, Standortsgüte und, wahrscheinlich ebenso wie bei der Kiefer, auch vom Alter ab.

Für Fichte und Kiefer konnte der wohl auch für andere Holzarten giltige Satz nachgewiesen werden, dass das zu einer bestimmten Druckfestigkeit gehörige Raumgewicht um so geringer ist, je günstiger die in Betracht kommenden Verhältnisse sind.

Nicht ohne Interesse dürfte nachstehende Zusammenstellung sein, welche zeigt, wie sich das Verhältniss zwischen Raumgewicht und Druckfestigkeit bei verschiedenen Holzarten stellt.

Tabelle XVII.

Zu einer Druckfestigkeit von x kg pro qcm	gehört ein spezifisches Trockengewicht bei				
	Kiefer (Brandenburg)	Weymuthskiefer	Fichte (Thüringen)	Weisstanne	Rothbuche
320	—	—	—	369	—
340	—	—	—	380	—
360	—	—	—	391	—
380	420	360	356	402	—
400	425	364	377	413	—
420	434	367	404	424	—
440	443	372	432	435	—
460	455	378	461	446	593
480	466	386	488	—	617
500	479	394	513	—	636
520	494	402	—	—	657
540	509	—	—	—	663
560	524	—	—	—	673
580	—	—	—	—	681
600	—	—	—	—	687

Soweit die gleichen Druckfestigkeiten bei den verschiedenen Holzarten vorkommen, zeigt sich, dass die Beziehungen zwischen dieser und dem Raumgewicht ausserordentlich verschieden sind.

Die Weymuthskiefer steht insofern am günstigsten, als bei ihr das geringste Raumgewicht einer bestimmten Druckfestigkeit entspricht, was für eine ganze Reihe von technischen Verwendungen äusserst erwünscht ist; das Extrem nach der anderen Seite stellt die Rothbuche dar, welche ein um fast 80 % höheres Raumgewicht für die gleiche Druckfestigkeit aufweist als die Weymuthskiefer.

Die Kiefer nimmt eine Mittelstellung ein, an welche sich die Weisstanne ziemlich nahe anschliesst.

Die Fichte zeigt insofern ein eigenartiges Verhalten, als den geringeren Druckfestigkeiten ein relativ niedriges, höheren aber ein verhältnissmässig hohes Raumgewicht entspricht.

Wenn ich schliesslich am Ende dieser langjährigen Untersuchungen auf die Methoden zur Ermittelung der technischen Eigenschaften des Holzes, welche uns überhaupt zur Verfügung stehen, sowie speziell auf die in vorliegender Arbeit angewandte zurückblicke, so befinde ich mich im Wesentlichen in Uebereinstimmung mit den Ansichten, welche Mayr in seinem Artikel „Ueber den forstlichen Werth der gegenwärtig üblichen Qualitätsbestimmung des Holzes[1])“ dargelegt hat.

Gewisse Eigenschaften, wie z. B. Dauer, Spaltbarkeit, Geradfaserigkeit, ebenso jene der Farbe, Politurfähigkeit u. s. w. können, obwohl für die Verwendung höchst wichtig, auf diesem Wege überhaupt nicht festgestellt werden.

Die vom Käufer so geschätzte Astreinheit, Vollholzigkeit, Schnürigkeit kommen bei den Ermittelungen der technischen Eigenschaften ebenfalls nicht in Betracht.

Andererseits muss doch darauf hingewiesen werden, dass in der Praxis Liebhabereien und vorgefasste Meinungen eine wesentliche Rolle spielen, welche sehr wohl richtiggestellt werden können.

Ich erinnere hier namentlich an die rein durch lokale Verhältnisse bedingte Neigung Kiefer oder Fichte zu verwenden, welcher manche Techniker in so hohem Maasse huldigen, dass z. B. bei Staatsbauten im Optimum des Kieferngebietes Fichten-

[1]) Forstwissenschaftliches Zentralblatt 1898, S. 72.

Balken und -Bretter vorgeschrieben und umgekehrt in reinen Fichtengebieten aus weiter Entfernung Kiefern bezogen werden.

Ebenso ist hierher zu rechnen die mangelhafte Kenntniss und unberechtigte Geringschätzung des Weymuthskiefernholzes.

Die Gründe, welche die alleinige Untersuchung des Raumgewichtes zur Beurtheilung der technischen Eigenschaften des Holzes als unzulänglich erscheinen lassen, hat Mayr a. a. O. sehr richtig angeführt und sind diese auch seinerzeit bei Aufstellung unseres Arbeitsprogrammes maassgebend gewesen.

Wenn auch die Ermittelung des Raumgewichtes verhältnissmässig leicht durchführbar ist und nach verschiedenen Richtungen sehr werthvolle und interessante Aufschlüsse ertheilt, so sind doch ihre Beziehungen zu den verschiedenen Arten der Festigkeit, soweit sie überhaupt bestehen, keineswegs einfacher Natur und bedürfen jedenfalls einer früher noch nicht vorhandenen Feststellung.

Die Technik giebt uns nun allerdings die Mittel in die Hand, die verschiedenen Arten der Festigkeit zu untersuchen, allein diese Arbeit ist durchaus nicht einfach und hat beim Holz besonders mit der Schwierigkeit zu kämpfen, dass es sich hier nicht um ein homogenes Material wie z. B. Eisen handelt.

Namentlich bilden die Aeste ein kaum zu überwindendes Hinderniss, sobald zur Untersuchung Probekörper von einigermaassen erheblichen Längendimensionen gefordert werden.

Wie umständlich, kostspielig und zeitraubend aber solche Ermittelungen über die verschiedenen Arten der Festigkeit, zeigen die bis jetzt ausgeführten oder noch im Gang befindlichen Untersuchungen von Rudeloff, Tetmajer und Johnson.

Wenn also die Frage beantwortet werden soll, „Besteht innerhalb eines grösseren Landes ein Unterschied in der Qualität des in verschiedenen Gegenden erwachsenen Holzes der gleichen Art“, so genügt jedenfalls neben der Ermittelung des Raumgewichtes die Untersuchung der Druckfestigkeit; wir können auf diese Weise innerhalb gewisser Grenzen gleichzeitig auch einen Aufschluss über die Unterschiede in der Festigkeit der verschiedenen Holzarten erhalten.

Die Probekörper für Druckfestigkeit haben die kleinsten Abmessungen und sind daher am leichtesten so herzustellen, dass sie frei von störenden Einflüssen der Aeste und sonstigen Fehlstellen unter sich vergleichbare Resultate liefern.

Die Druckversuche können auch leicht in verhältnissmässig grosser Anzahl ausgeführt werden, so dass sich die Störungen in Folge individueller Abweichungen wieder ausgleichen, während diese bei den umständlichen und daher immer auf eine kleine Anzahl von Stämmen zu beschränkenden Untersuchungen der übrigen Festigkeitsarten sehr störend wirken.

Wenn ich nun auch der Ansicht bin, dass wegen der werthvollen Resultate, welche durch die Verbindung der Untersuchung über Raumgewicht und Druckfestigkeit gewonnen worden sind, diese Methode nicht bloss in rein wissenschaftlicher, sondern auch in praktischer Richtung hohe Bedeutung besitzt, so bin ich doch auch stets (schon in meiner Denkschrift vom Jahre 1889!) dafür eingetreten, dass die Untersuchung sämmtlicher Arten von Festigkeit nothwendig sei, um sowohl sichere Werthe hierfür zu ermitteln, als auch den Zusammenhang dieser Grössen unter sich festzustellen. Diese umfassenden Ermittelungen werden sich jedoch aus triftigen Gründen stets auf eine kleine Anzahl von Stämmen beschränken müssen.

Die vorliegende Arbeit hat gezeigt, wie verschieden die Eigenschaften des Holzes der gleichen Art je nach Wachsthumsgebiet, Alter, Standort und wirthschaftlicher Behandlungsweise sind. Hieraus folgt aber, dass die Angaben, welche sich über das Verhalten einer Holzart in technischer Beziehung in der Litteratur finden, ohne nähere Bezeichnung dieser Verhältnisse wenig Werth besitzen. Sichere Aufschlüsse über die technischen Eigenschaften des Holzes sind daher nur durch das Zusammenabeiten der Forstwirthe mit den Ingenieuren zu erreichen!

I. Fichte.

Anlage I.

Zusammenstellung der untersuchten Stämme

nach Standort, Alter, durchschnittlichem Raumgewicht und durchschnittlicher Druckfestigkeit.

Stamm-Nummer	Oberförsterei	Jagen bezw. Distrikt	Grundgestein, Boden und Bestand	Meereshöhe m	Standortsklasse	Alter	Durchschnittliche Druckfestigkeit des ganzen Stammes kg pro qcm	Durchschnittliches spezifisches Trockengewicht des ganzen Stammes
1	Padrojen	97	Diluvium. — Lehm. — Büschelpflanzung, 4 u. 8′ Verband, ziemlich geschlossen.	40	I	45	415	446
2	»	97		40	I	47	407	424
3	Wilhelmsbruch	27	Diluvium. — Lehm. — Büschelpflanzung, 4 u. 8′ □ Verband, gut geschlossen.	40	I	44	344	385
4	»	27		40	I	44	357	410
5	Carlsberg	183	Plänerkalk. — Lehmiger Sand. — Naturverjüngung mit wenigen gleichalten Tannen, astrein, gut geschlossen.	700	I	104	541	503
6	»	183		700	I	106	445	463
7	»	183		700	I	105	391	423
8	»	183		700	I	97	379	425
9	»	188	Quadersandstein. — Lehmiger Sand. — Unregelmässig, lückig mit wenigen gleichalten Kiefern, auf den Lücken jüngere Fichtenstangen.	680	III	165	394	418
10	»	188		680	III	168	398	407
11	»	188		680	III	165	403	420
12	»	188		680	III	169	434	461
13	Reinerz	176	Plänerkalk. — Lehm. — Wahrscheinlich Saat, ungleich geschlossen, viele starke Hornäste.	745	I	111	426	450
14	»	176		745	I	106	384	399
15	»	176		745	I	112	416	453
16	»	176		745	I	112	349	398
17	»	176		745	I	109	426	451
18	»	176		745	I	104	383	424

Fichte.

Stamm-Nummer	Oberförsterei	Jagen bezw. Distrikt	Grundgestein, Boden und Bestand	Meereshöhe m	Standortsklasse	Alter	Durchschnittliche Druckfestigkeit des ganzen Stammes kg pro qcm	Durchschnittliches spezifisches Trockengewicht des ganzen Stammes
19	Cosel	13	Tertiär. — Frischer, weisser Sand, nach unten anlehmig werdend. — Naturverjüngung, viele Kiefern, einzelne Tannen, horstweise geschlossen, astrein.	160	I	105	452	453
20	»	13		160	I	96	477	463
21	»	13		160	I	95	515	465
22	Rogelwitz	173	Tertiär. — 0,50 m Moor, dann anlehmiger Sand mit Kies, Grundwasser bei 0,85 m. — Plenterartiger Bestand, aushorstweiser Naturverjüngung unter starkem Druck des Mutterbestandes, unregelmässig, Hornäste, meist einseitig beastet.	140	II	111	452	521
23	»	173		140	II	105	473	461
24	»	173		140	II	139	448	478
25	Rogelwitz	149	Tertiär. — 0,7 m Moor mit grauer, mittelkörniger Sandunterlage, Grundwasser bei 0,75 m. — Wie bei Nr. 22—24, aber noch langsamere Jugendentwickelung, ungleich und jetzt nur locker geschlossen, früher anscheinend in besserem Schlusse und deshalb astrein.	140	II	110	383	442
26	»	149		140	II	130	460	464
27	»	149		140	II	182	454	488
28	Schleusingen	156	Buntsandstein. — Lehmiger Sand. — Saat, astrein, mittlerer und mässiger Schluss.	650	I	118	449	448
29	»	156		650	I	153	447	451
30	»	156		650	I	104	452	445
31	»	156		650	I	105	462	463
32	Dietzhausen	5	Buntsandstein. — Lehmiger Sand. — Geringes Baumholz, Naturverjüngung mit wenigen älteren Buchen und zahlreichen horst- und truppweise eingesprengten, meist vorwüchsigen Tannen.	640	II	83	435	430
33	»	5		640	II	112	488	459
34	»	5		640	II	85	427	454
35	»	5		640	II	85	468	508

Stamm-Nummer	Oberförsterei	Jagen bezw. Distrikt	Grundgestein, Boden und Bestand	Meereshöhe m	Standortsklasse	Alter	Durchschnittliche Druckfestigkeit des ganzen Stammes kg pro qcm	Durchschnittliches spezifisches Trockengewicht des ganzen Stammes
36	Suhl	87	Porphyr. — Geröll. — Naturverjüngung, für die Höhenanlage regelmässig und gut geschlossen, viele Schneebruchbeschädigungen.	880	V	92	383	443
37	»	87		880	V	91	413	443
38	»	87		880	V	114	458	461
39	»	87		880	V	99	432	468
40	Schleusingen	129	Buntsandstein. — Lehmiger Sand. — Naturverjüngung, mit Tanne und Buche einzeln und truppweise durchstellt, ziemlich geschlossen und astrein.	ca. 500	III	127	486	474
41	»	129		ca. 500	III	120	494	482
42	»	129		ca. 500	III	127	535	508
43	»	129		ca. 500	III	128	452	441
44	Westerhof	42	Buntsandstein. — Lehm. — Mit wenigen Buchen einzeln gemischt, wahrscheinlich Naturverjüngung mässig durchforstet, lockerer Schluss, sehr starke Kronenentwickelung, astrein.	250	I	137	483	491
45	»	42		250	I	140	492	500
46	»	43	Wahrscheinlich Naturverjüngung, mit einzelnen herrschenden und zahlreichen unterständigen Buchen, mässig durchforstet, aber vom Wind stark durchbrochen, starke Kronen, astrein.	200	I	133	536	538
47	»	43		200	I	137	504	509
48	Schulenberg	147	Spiriferensandstein. — Sandiger Thon, sehr steinig. — Wahrscheinlich Naturverjüngung, für die Höhenlage regelmässig und gut geschlossen.	760	IV	90	454	461
49	»	147		760	IV	85	381	371
50	»	147		760	IV	96	465	467
51	»	147		760	IV	90	471	456
52	Oderhaus	57	Hornfels. — Lehm. — Naturverjüngung, einzelne jüngere Buchen, ziemlich geschlossen.	530	I	160	447	443
53	»	57		530	I	173	403	412
54	»	57		530	I	162	510	494

Fichte.

Stamm-Nummer	Oberförsterei	Jagen bezw. Distrikt	Grundgestein, Boden und Bestand	Meereshöhe m	Standortsklasse	Alter	Durchschnittliche Druckfestigkeit des ganzen Stammes kg pro qcm	Durchschnittliches spezifisches Trockengewicht des ganzen Stammes
55	Oderhaus	96	Granit. — Trümmerfeld, in den Spalten Kies und Rohhumus, Grenze des Hoch- und Plenterwaldes, für die Höhenlage ziemlich geschlossen und regelmässig, ziemlich gleichalterig, aus Naturverjüngung in grossen Horsten.	750	III	164	497	479
56	»	96		750	III	151	422	403
57	»	96		750	III	157	478	456
58	Elend	97	Thonschiefer. — Sandiger Lehm. — Wahrscheinlich Naturverjüngung, mittlerer Schluss.	580	II	87	426	430
59	»	97		580	II	87	396	429
60	»	97		580	II	87	381	436

Anlage II.

Hauptübersicht der Einzelbeobachtungen.

Fichte.

Höhe am Stamm	Absolutes Trockengewicht in der Periode							Absolutes Trockengewicht der Sektion	Spezifisches Lufttrockengewicht der Probekörper		Druckfestigkeit der Probekörper		im Durchschnitt
	1/30	31/60	61/90	91/120	121/150	151/180	181/210		a	b	a	b	
m											kg pro qcm		
Stamm Nr. 1													
1,07	433	512	—	—	—	—	—	480	—	—	446	457	451
4,22	388	455	—	—	—	—	—	434	—	—	421	426	423
8,37	477	446	—	—	—	—	—	448	—	—	404	355	397
12,49	—	428	—	—	—	—	—	428	—	—	406	410	408
15,59	—	410	—	—	—	—	—	410	—	—	—	—	—
Stamm Nr. 2													
1,07	429	478	—	—	—	—	—	462	—	—	402	442	422
4,22	384	448	—	—	—	—	—	436	—	—	427	404	415
8,37	261	413	—	—	—	—	—	411	—	—	401	390	395
12,49	—	372	—	—	—	—	—	372	—	—	382	386	384
15,59	—	331	—	—	—	—	—	331	—	—	—	—	—
Stamm Nr. 3													
1,07	367	456	—	—	—	—	—	401	—	—	305*	354	354*
4,22	367	421	—	—	—	—	—	393	—	—	331	343	337
8,37	347	396	—	—	—	—	—	376	—	—	319	371	345
12,50	332	380	—	—	—	—	—	371	—	—	359	324	341
16,61	—	380	—	—	—	—	—	380	—	—	343	352	347
19,71	—	349	—	—	—	—	—	349	—	—	—	—	—

*) Ein Stern bedeutet, dass der betr. Druckkörper in Folge von Astbildung zu geringe Druckfestigkeit besitzt, oder dass nur ein Druckkörper untersucht wurde.

Fichte.

Höhe am Stamm	Absolutes Trockengewicht in der Periode							Absolutes Trockengewicht der Sektion	Spezifisches Lufttrockengewicht der Probekörper		Druckfestigkeit der Probekörper		im Durchschnitt
	1/30	31/60	61/90	91/120	121/151	151/180	181/210		a	b	a	b	
m											kg pro qcm		
Stamm Nr. 4													
1,07	423	465	—	—	—	—	—	441	—	—	358	381	369
4,22	350	484	—	—	—	—	—	410	—	—	349	338	343
8,37	347	413	—	—	—	—	—	384	—	—	376	350	363
12,52	371	416	—	—	—	—	—	405	—	—	367	360	363
16,65	—	421	—	—	—	—	—	421	—	—	366	353	359
20,76	—	444	—	—	—	—	—	444	—	—	—	—	—
Stamm Nr. 5													
1,12	420	481	522	495	—	—	—	493	526	519	536	553	544
4,35	419	483	571	543	—	—	—	523	538	549	602	572	587
8,60	—	460	554	558	—	—	—	517	523	528	565	563	564
12,75	—	440	534	548	—	—	—	503	519	512	518	558	538
16,85	—	431	500	535	—	—	—	493	490	475	483	561	522
21,05	—	—	465	515	—	—	—	477	497	490	475	505	489
25,17	—	—	461	503	—	—	-	481	494	486	431	461	446
29,25	—	—	—	464	—	—	—	464	—	—	—	—	—
Stamm Nr. 6													
1,12	379	456	487	521	—	—	—	455	472	469	425	389	407
4,37	386	447	494	499	—	—	—	464	462	470	467	396*	467*
8,65	398	426	513	508	—	—	—	457	459	466	432	445	438
13,10	—	436	511	516	—	—	—	472	458	463	432	444	438
17,35	—	448	505	536	—	—	—	478	482	485	435	451	443
21,42	—	453	488	519	—	—	—	487	497	474	495	439	467
25,50	—	—	496	516	—	—	—	527	505	510	495	491	493
28,50	—	—	—	507	—	—	—	507	537	498	513	486	499
31,35	—	—	—	481	—	—	—	481	—	—	—	—	—
Stamm Nr. 7													
1,12	363	412	456	473	—	—	—	428	427	434	360	382	371
4,35	345	411	465	483	—	—	—	423	451	448	454	378	416
8,55	341	386	471	458	—	—	—	416	415	419	404	361	382
12,75	—	387	427	466	—	—	—	413	433	405	426	329	377
19,17	—	—	417	425	—	—	—	420	422	419	371	402	386
25,62	—	—	412	417	—	—	—	414	434	443	417	409	413
29,80	—	—	—	415	—	—	—	415	—	—	—	—	—

Fichte.

Höhe am Stamm m	Absolutes Trockengewicht in der Periode 1/30	31/60	61/90	91/120	121/150	151/180	181/210	Absolutes Trockengewicht der Sektion	Spezifisches Lufttrockengewicht der Probekörper a	b	Druckfestigkeit der Probekörper a (kg pro qcm)	b (kg pro qcm)	im Durchschnitt (kg pro qcm)
Stamm Nr. 8													
1,12	432	409	457	466	—	—	—	435	469	447	376	379	377
4,35	423	425	505	450	-	—	—	454	458	438	344	429	386
8,55	—	392	440	448	—	—	—	414	426	439	371	368	369
12,75	—	392	426	436	—	—	—	410	424	439	371	375	373
16,95	—	410	430	435	—	—	—	425	500	454	348	403	375
21,25	—	408	407	418	—	—	—	409	441	434	396	382	389
25,57	—	—	406	434	—	—	—	413	447	447	397	397	397
29,75	—	—	—	429	—	—	—	429	470	466	407	376	391
Stamm Nr. 9													
1,12	395	425	456	426	406	426	—	425	466	455	395	383	389
4,35	—	426	441	429	415	432	—	426	417	458	442	414	428
8,55	—	417	415	403	416	457	—	422	449	426	389	366	377
12,72	—	—	427	398	404	436	—	414	429	444	402	367	384
16,95	—	—	—	431	386	408	—	405	437	431	398	350	374
21,20	—	—	—	432	409	412	—	413	456	435	418	358	388
25,37	—	—	—	—	—	446	—	446	—	—	—	—	—
Stamm Nr. 10													
1,12	435	450	445	407	403	399	—	423	449	448	434	442	438
4,35	393	425	434	400	403	403	—	412	446	445	408	371	389
8,55	—	426	415	385	390	404	—	403	433	433	425	361	393
12,92	—	416	408	404	392	378	—	399	444	423	417	347	382
16,42	—	—	414	389	385	379	—	389	440	438	384	391	387
19,24	—	—	—	392	410	386	—	394	429	448	429	383	406
23,42	—	—	—	—	—	447	—	447	—	—	—	—	—
Stamm Nr. 11													
1,12	420	438	441	441	419	415	—	431	483	456	445	446	445
4,35	—	427	439	429	408	427	—	425	447	443	388	403	395
8,55	—	432	437	425	402	399	—	417	433	433	371	428	399
12,72	—	—	422	414	393	394	—	404	435	425	396	384	390
16,87	—	—	—	442	412	409	—	419	433	—	405	346	375
21,00	—	—	—	—	433	420	—	426	451	462	449	447	448

Fichte.

Höhe am Stamm	Absolutes Trockengewicht in der Periode							Absolutes Trockengewicht der Sektion	Spezifisches Lufttrockengewicht der Prokekörper		Druckfestigkeit der Probekörper		Druckfestigkeit im Durchschnitt
	1/30	31/60	61/90	91/120	121/150	151/180	181/210		a	b	a	b	
m											kg pro qcm		
								Stamm Nr. 12					
1,12	414	437	481	460	479	468	—	454	493	462	444	409	426
4,35	441	440	452	479	450	447	—	450	491	467	392	400	396
8,55	—	451	465	457	462	442	—	455	503	468	457	433	445
12,72	—	465	500	461	459	470	—	472	507	487	503	401	457
16,82	—	—	505	491	473	473	—	481	529	531	475	469	472
20,90	—	—	—	—	—	531	—	531	611	549	616	562	589
								Stamm Nr. 13					
1,12	403	415	479	475	—	—	—	446	452	477	406	383	394
4,35	389	441	488	504	—	—	—	458	454	362	448	374	411
8,55	396	410	489	496	—	—	—	448	474	465	445	457	451
12,75	—	421	508	553	—	—	—	479	448	470	416	421	418
17,02	—	411	451	485	—	—	—	450	467	438	421	441	431
21,27	—	—	452	481	—	—	—	460	454	454	402	479	440
25,37	—	—	411	428	—	—	—	373	460	451	459	464	461
29,50	—	—	—	442	—	—	—	442	469	456	459	524	491
								Stamm Nr. 14					
1,12	339	368	375	386	—	—	—	371	395	398	345	359	352
4,37	339	429	421	427	—	—	—	417	406	412	387	383	385
8,60	343	377	425	433	—	—	—	406	410	426	379	404	391
12,95	—	376	417	438	—	—	—	408	419	379	401	369	385
17,30	—	463	395	421	—	—	—	414	411	414	371	371	371
21,42	—	—	386	408	—	—	—	394	402	413	395	434	414
25,47	—	—	398	405	—	—	—	402	444	412	421	427	424
29,60	—	—	—	391	—	—	—	391	—	—	—	—	—
								Stamm Nr. 15					
1,12	409	440	478	511	—	—	—	462	453	459	378	388	383
4,47	399	430	487	503	—	—	—	458	462	451	404	396	400
8,90	390	412	482	496	—	—	—	449	455	447	436	417	426
13,25	—	403	476	508	—	—	—	452	444	453	399	426	412
17,47	—	398	451	474	—	—	—	438	447	451	402	400	401
21,67	—	406	450	464	—	—	—	450	451	462	396	528	462
25,92	—	—	437	456	—	—	—	445	414	453	520	414	467
30,12	—	—	—	456	—	—	—	456	—	—	—	—	—

Fichte.

Höhe am Stamm	Absolutes Trockengewicht in der Periode							Absolutes Trockengewicht der Sektion	Spezifisches Lufttrockengewicht der Probekörper		Druckfestigkeit der Probekörper		im Durchschnitt
	1/30	31/60	61/90	91/120	121/150	151/180	181/210		a	b	a	b	
m											kg pro qcm		
Stamm Nr. 16													
1,12	361	407	394	473	—	—	—	404	419	420	295	309	302
4,40	333	371	446	469	—	—	—	401	394	402	348	359	353
8,70	344	364	431	452	—	—	—	397	396	388	368	334	351
12,95	—	351	412	447	—	—	—	391	406	393	347	358	352
17,35	—	369	406	425	—	—	—	400	407	402	386	402	394
21,85	—	401	397	401	—	—	—	400	417	416	332	347	339
26,12	—	—	406	423	—	—	—	414	413	422	344	349	346
30,32	—	—	—	414	—	—	—	414	—	—	—	—	—
Stamm Nr. 17													
1,12	397	436	486	488	—	—	—	453	477	466	383	414	398
4,35	384	425	471	483	—	—	—	441	458	471	377	475	426
8,65	—	429	485	487	—	—	—	455	467	468	429	423	426
13,05	—	419	461	471	—	—	—	443	460	454	432	441	436
17,35	—	441	468	475	—	—	—	460	464	466	417	426	421
21,55	—	437	446	473	—	—	—	454	472	474	472	437	454
25,72	—	—	455	472	—	—	—	462	496	464	492	380	436
29,92	—	—	—	455	—	—	—	455	—	—	—	—	—
Stamm Nr. 18													
1,12	363	404	429	438	—	—	—	409	434	414	358	386	372
4,57	388	418	437	466	—	—	—	428	434	429	396	371	383
9,00	389	395	444	465	—	—	—	421	432	414	367	378	372
13,20	—	395	436	456	—	—	—	421	436	438	408	393	400
17,40	—	401	439	463	—	—	—	431	445	444	378	388	383
21,62	—	428	426	437	—	—	—	429	445	456	348	407	377
25,92	—	—	429	448	—	—	—	438	446	459	396	414	405
30,35	—	—	—	463	—	—	—	463	485	466	402	398	400
Stamm Nr. 19													
1,10	383	441	519	533	—	—	—	461	458	443	546	542	544
4,30	382	430	510	527	—	—	—	456	463	433	540	413	476
8,47	377	407	504	520	—	—	—	448	422	437	416	388	402
12,62	—	407	494	511	—	—	—	453	422	447	410	419	414
16,77	—	394	463	492	—	—	—	443	420	424	388	510	448
20,80	—	—	427	476	—	—	—	441	467	432	439	433	436
24,75	—	—	450	492	—	—	—	473	448	486	406	453	429
27,72	—	—	—	457	—	—	—	457	—	—	—	—	—

Höhe am Stamm m	Absolutes Trockengewicht in der Periode 1/30	31/60	61/90	91/120	121/150	151/180	181/210	Absolutes Trockengewicht der Sektion	Spezifisches Lufttrockengewicht der Probekörper a	b	Druckfestigkeit der Probekörper a (kg pro qcm)	b	im Durchschnitt
								Stamm Nr. 20					
1,10	430	451	505	—	—	—	—	465	464	469	506	559	532
3,30	437	451	499	—	—	—	—	464	457	486	564	452	508
6,47	444	443	504	—	—	—	—	466	453	462	419	434	426
10,72	397	427	469	—	—	—	—	443	455	447	535	554	544
15,22	—	445	503	—	—	—	—	482	472	475	430	432	431
19,62	—	400	473	—	—	—	—	459	456	525	434	384	409
23,75	—	—	465	—	—	—	—	465	486	—	449	455	452
27,80	—	—	479	—	—	—	—	479	—	—	—	—	—
								Stamm Nr. 21[1]					
1,10	491	476	519	—	—	—	—	494	463	492	573	543	558
4,30	446	447	480	—	—	—	—	458	495	472	534	552	543
8,57	412	443	483	—	—	—	—	456	437	449	539	452	495
12,87	—	428	495	—	—	—	—	459	423	433	518	546	532
17,12	—	449	482	—	—	—	—	467	454	426	459	427	443
21,40	—	437	434	—	—	—	—	435	509	441	455	454	454
25,60	—	—	517	—	—	—	—	517	—	—	—	—	—
								Stamm Nr. 22					
1,12	453	513	509	547	—	—	—	513	500	532	438	498	468
4,40	462	515	554	573	—	—	—	536	540	537	431	447	439
8,60	—	501	555	567	—	—	—	539	536	559	461	505	483
12,80[2]	—	481	540	568	—	—	—	531	508	519	417	486	451
16,92[2]	—	457	498	530	—	—	—	503	494	514	421	437	429
21,10[3]	—	—	483	543	—	—	—	510	622	522	334*	462	462*
25,17	—	—	—	493	—	—	—	493	593	500	275*	390	390*
28,20[2]	—	—	—	474	—	—	—	474	—	—	—	—	—
								Stamm Nr. 23					
1,12	397	453	501	504	—	—	—	473	462	462	407	422	414
4,42[2]	394	435	515	516	—	—	—	474	470	471	450	474	462
8,70[2]	—	400	499	541	—	—	—	461	419	456	352*	448	448*
12,87[2]	—	409	485	549	—	—	—	466	430	442	372	444	408
17,02[2]	—	392	434	504	—	—	—	437	485	433	440	391	415
21,35[2]	—	—	411	500	—	—	—	434	441	425	386	377	381
25,75[2]	—	—	427	459	—	—	—	444	450	443	362	326	344
29,95	—	—	—	424	—	—	—	424	—	—	—	—	—

[1]) Auf einer Seite des Stammes Rothholz.

[2]) Etwas Rothholz.

[3]) Eine Seite Rothholz.

Fichte.

Höhe am Stamm	Absolutes Trockengewicht in der Periode							Absolutes Trockengewicht der Sektion	Spezifisches Lufttrockengewicht der Probekörper		Druckfestigkeit der Probekörper		Druckfestigkeit im Durchschnitt
m	1–30	31–60	61–90	91–120	121–150	151–180	181–210		a	b	a	b	kg pro qcm
Stamm Nr. 24													
1,12	—	447	472	462	469	—	—	464	471	466	434	429	431
4,35 [1]	—	460	486	487	501	—	—	487	482	497	404*	502	502
8,55 [1]	—	443	466	492	489	—	—	483	468	479	446	478	462
12,72 [1]	—	—	460	486	497	—	—	483	461	448	455	394	424
16,87 [1]	—	—	—	476	473	—	—	475	445	466	441	359	400
20,97 [1]	—	—	—	—	455	—	—	455	452	455	416	345	380
25,10	—	—	—	—	474	—	—	474	—	—	—	—	—
Stamm Nr. 25													
1,12	410	426	489	516	—	—	—	456	462	485	352	408	376
4,30	416	428	499	519	—	—	—	464	453	456	395	384	389
8,45	—	405	489	492	—	—	—	449	415	443	400	401	400
12,77	—	388	414	441	—	—	—	409	420	412	397	396	396
17,07 [1]	—	399	436	448	—	—	—	432	421	434	328	362	345
21,07	—	—	414	431	—	—	—	420	421	419	380	401	390
24,05	—	—	389	443	—	—	—	433	439	429	355	311	333
27,27	—	—	—	448	—	—	—	448	474	458	305	312	308
Stamm Nr. 26													
1,12 [1]	—	421	452	466	462	—	—	449	492	471	431	420	425
4,35 [1]	—	439	460	473	461	—	—	459	480	489	489	461	475
8,55	—	456	445	471	472	—	—	459	475	492	479	430	454
12,80 [1]	—	462	452	470	475	—	—	462	493	465	485	436	460
17,15	—	—	456	481	506	—	—	475	488	488	499	485	492
21,42 [2]	—	—	479	478	524	—	—	489	500	500	458	468	463
25,55 [1]	—	—	—	—	508	—	—	508	—	—	427	472	449
28,62 [1]	—	—	—	—	523	—	—	523	—	—	—	—	—
Stamm Nr. 27													
1,12	—	—	484	474	509	534	—	501	557	510	449	444	446
4,35	—	—	467	496	524	523	—	511	492	534	516	458	487
8,65 [1]	—	—	—	483	468	499	—	485	486	510	445	467	456
13,07	—	—	—	464	474	496	—	481	524	445	473	444	458
17,30 [1]	—	—	—	—	419	472	—	447	495	478	440	421	430
21,52 [1]	—	—	—	—	432	507	—	487	485	—	411	393	402
25,65 [1]	—	—	—	—	—	527	—	527	473	506	400	440	420
28,70 [1]	—	—	—	—	—	467	—	467	—	—	—	—	—

[1]) Etwas Rothholz. | [2]) Auf einer Seite Rothholz.

Fichte.

Höhe am Stamm m	Absolutes Trockengewicht in der Periode 1/30	31/60	61/90	91/120	121/150	151/180	181/210	Absolutes Trockengewicht der Sektion	Spezifisches Lufttrockengewicht der Probekörper a	b	Druckfestigkeit der Probekörper a (kg pro qcm)	b	im Durchschnitt
Stamm Nr. 28													
1,00	395	442	469	498	—	—	—	452	532	472	420	453	436
4,25	375	446	519	529	—	—	—	472	465	456	471	448	459
8,35	379	409	471	483	—	—	—	440	447	447	487	470	478
12,45	—	397	449	475	—	—	—	431	486	444	455	432	443
16,45	—	409	439	475	—	—	—	440	474	425	489	417	453
20,40	—	411	433	466	—	—	—	444	475	444	471	384	427
24,65	—	—	413	464	—	—	—	441	455	462	444	371	407
28,85	—	—	—	443	—	—	—	443	—	—	—	—	—
Stamm Nr. 29													
1,00	—	374	429	505	487	—	—	455	447	448	386	396	391
4,35	—	—	400	507	551	—	—	449	431	—	464	—	464
8,65	—	—	399	473	517	—	—	441	430	459	478	434	456
12,85	—	—	389	453	518	—	—	444	446	419	487	401	444
17,05	—	—	385	424	488	—	—	437	446	456	430	499	464
21,30	—	—	—	433	515	—	—	481	461	502	446	456	451
25,50	—	—	—	—	495	—	—	495	—	—	—	—	—
Stamm Nr. 30													
1,00	416	436	458	488	—	—	—	453	450	454	406	435	420
4,35	427	431	440	469	—	—	—	441	457	475	498	488	493
8,65	—	438	463	490	—	—	—	459	449	454	431	413	422
12,85	—	418	430	474	—	—	—	437	439	441	539	446	492
17,05	—	416	419	458	—	—	—	428	455	468	432	451	441
21,10	—	—	427	455	—	—	—	438	442	441	404	417	410
24,95	—	—	459	488	—	—	—	478	466	500	393	464	428
Stamm Nr. 31													
1,00	446	499	505	548	—	—	—	502	505	500	452	422	437
4,25	420	471	506	551	—	—	—	491	479	480	391	505	448
8,45	391	424	457	501	—	—	—	438	470	456	445	525	485
12,65	—	429	448	480	—	—	—	447	453	461	512	504	508
16,85	—	—	409	461	—	—	—	419	447	460	439	496	467
21,10	—	—	440	487	—	—	—	454	470	443	461	367	414
25,35	—	—	441	467	—	—	—	452	478	465	477	411	444
29,55	—	—	—	446	—	—	—	446	—	—	—	—	—

Fichte.

Höhe am Stamm	Absolutes Trockengewicht in der Periode							Absolutes Trockengewicht der Sektion	Spezifisches Lufttrockengewicht der Probekörper		Druckfestigkeit der Probekörper		im Durchschnitt
	1/30	31/60	61/90	91/120	121/150	151/180	181/210				a	b.	
m									a	b	kg pro qcm		
							Stamm Nr. 32						
1,00	390	433	468	—	—	—	—	437	432	444	451	440	445
4,20	381	420	472	—	—	—	—	431	448	415	482	458	470
8,40	396	410	458	—	—	—	—	426	415	423	426	433	429
12,70	—	394	459	—	—	—	—	423	422	436	397	451	424
16,95	—	413	445	—	—	—	—	435	427	439	440	384	412
21,10	—	—	439	—	—	—	—	439	—	—	390	354	372
25,20	—	—	445	—	—	—	—	445	—	—	—	—	—
							Stamm Nr. 33						
1,00	423	469	481	—	—	—	—	451	478	469	470	488	479
4,00	416	490	495	—	—	—	—	463	461	476	483	479	481
8,05	419	448	483	—	—	—	—	446	480	490	531	524	527
12,30	375	472	492	—	—	—	—	470	480	528	474	465	469
16,45	—	481	497	—	—	—	—	487	507	503	500	445	472
20,45 [1]	—	—	503	—	—	—	—	503	—	—	506	412*	506*
24,05	—	—	516	—	—	—	—	516	—	—	440	436	438
							Stamm Nr. 34						
1,00	442	456	510	—	—	—	—	474	473	480	506	412*	506*
4,10	412	431	488	—	—	—	—	447	474	468	440	436	438
8,30	—	413	498	—	—	—	—	442	445	452	391	394	392
12,60	—	424	482	—	—	—	—	449	456	456	407	425	416
16,55	—	444	458	—	—	—	—	453	464	444	440	393	416
20,50	—	452	486	—	—	—	—	484	—	465	371	371	371
25,40	—	—	469	—	—	—	—	469	—	—	—	—	—
							Stamm Nr. 35						
0,90	471	505	526	—	—	—	—	506	538	491	481	426	453
4,00	434	504	528	—	—	—	—	502	522	505	527	501	514
8,20	422	484	523		—	—	—	499	507	524	479	449	464
12,40	—	485	501	—	—	—	—	493	498	509	433	450	451
16,60	—	494	476	—	—	—	—	480	509	497	463	441	452
20,70	—	—	502	—	—	—	—	502	504	518	429	415	422
26,05	—	—	516	—	—	—	—	516	—	—	—	—	—

[1]) Eine Seite Rothholz.

Höhe am Stamm	Absolutes Trockengewicht in der Periode							Absolutes Trockengewicht der Sektion	Spezifisches Lufttrockengewicht der Probekörper		Druckfestigkeit der Probekörper		Druckfestigkeit im Durchschnitt
	1/30	31/60	61/90	91/120	121/150	151/180	181/210		a	b	a	b	
m											kg pro qcm		
Stamm Nr. 36													
1,00	421	453	455	—	—	—	—	428	476	504	383	401	392
3,65	—	441	471	—	—	—	—	453	482	463	382	435	408
6,80	—	410	445	—	—	—	—	430	454	527	366	291*	366*
9,85	—	—	440	—	—	—	—	440	449	460	365	320	342
13,00	—	—	423	—	—	—	—	423	—	—	—	—	—
Stamm Nr. 37													
1,00	488	441	500	—	—	—	—	473	467	456	431	412	421
3,65	—	420	466	—	—	—	—	443	464	457	392	414	403
6,80	—	411	447	—	—	—	—	433	453	459	402	459	430
9,95	—	417	431	—	—	—	—	429	451	—	374	412	393
13,10	—	—	428	—	—	—	—	428	452	462	413	416	414
Stamm Nr. 38													
1,00	442	464	482	559	—	—	—	499	566	507	560	420*	560*
3,65	—	442	469	510	—	—	—	474	523	488	372*	457	457*
6,80	—	392	434	483	—	—	—	443	511	430	414	420	417
9,85	—	—	417	452	—	—	—	435	444	—	407	236*	407*
13,05	—	—	425	424	—	—	—	424	446	451	397	397	397
16,20	—	—	—	424	—	—	—	424	—	—	—	—	—
Stamm Nr. 39													
1,00	496	438	538	—	—	—	—	484	502	480	299*	430	430*
3,75	—	437	514	—	—	—	—	474	470	467	458	440	449
6,95	—	399	475	—	—	—	—	452	452	475	378	438	403
10,05	—	—	449	—	—	—	—	449	467	474	428	446	437
13,15	—	—	479	—	—	—	—	479	—	—	—	—	—
Stamm Nr. 40													
1,00	413	474	530	523	—	—	—	503	517	472	536	485	510
4,25	—	443	473	483	—	—	—	465	502	483	533	478	505
8,55	—	438	498	500	—	—	—	482	484	483	465	496	480
12,75	—	406	461	486	—	—	—	460	477	466	466	451	458
16,95	—	—	453	475	—	—	—	463	—	482	—	475*	475*
21.25	—	—	483	473	—	—	—	475	522	518	461	461	461
25 90	—	—	—	472	—	—	—	472	—	—	—	—	—

Fichte.

Höhe am Stamm	Absolutes Trockengewicht in der Periode							Absolutes Trockengewicht der Sektion	Spezifisches Lufttrockengewicht der Probekörper		Druckfestigkeit der Probekörper		im Durchschnitt
	1/30	31/60	61/90	91/120	121/150	151/180	181/210				a	b	
m									a	b	kg pro qcm		
							Stamm Nr. 41						
1.00	449	478	490	502	—	—	—	489	575	539	494	572	533
4,25	—	440	468	511	—	—	—	474	553	513	541	512	526
8,65	—	432	505	543	—	—	—	503	493	463	486	489	487
12,85	—	434	445	483	—	—	—	460	452	500	432	502	467
16,85	—	—	464	502	—	—	—	489	484	461	462	460	461
21,05	—	—	438	461	—	—	—	457	507	469	448	450	449
25,35	—	—	—	443	—	—	—	443	—	—	—	—	—
							Stamm Nr. 42						
1,00	478	483	544	559	—	—	—	529	547	554	509	561	535
4,25	—	446	540	556	—	—	—	514	532	534	582	538	560
8,45	—	434	519	551	—	—	—	508	514	529	544	577	560
12,65	—	427	490	542	—	—	—	502	519	527	505	534	519
16,85	—	—	475	520	—	—	—	502	506	520	477	469	473
21,00	—	—	—	488	—	—	—	488	518	536	530	448*	489*
25,15	—	—	—	467	—	—	—	467	—	—	—	—	—
							Stamm Nr. 43						
1,00	460	453	465	471	—	—	—	461	463	481	505	431*	505*
4,45	—	415	457	450	—	—	—	439	465	450	455	480	467
8,85	—	411	446	440	—	—	—	435	462	463	464	430	457
13,05	—	409	425	455	—	—	—	436	445	475	465	450	457
17,35	—	—	428	435	—	—	—	433	454	—	468	438	453
21,65	—	—	—	455	—	—	—	455	463	470	404	410	407
26,05	—	—	—	463	—	—	—	463	—	—	—	—	—
							Stamm Nr. 44						
1,00	435	493	474	508	549	—	—	498	529	467	468	430	449
4,18	405	441	454	542	568	—	—	500	476	509	516	498	507
8,93	—	434	447	540	572	—	—	494	495	492	478	515	496
13,33	—	—	506	562	621	—	—	500	477	449	506	478	492
17,43	—	—	432	474	539	—	—	475	472	486	393*	475	475*
22,13	—	—	449	453	520	—	—	472	524	488	466	436	451
26,60	—	—	—	478	509	—	—	494	528	500	495	458	476
30,97	—	—	—	—	551	—	—	551	—	—	—	—	—

Fichte.

Höhe am Stamm	Absolutes Trockengewicht in der Periode							Absolutes Trockengewicht der Sektion	Spezifisches Lufttrockengewicht der Probekörper		Druckfestigkeit der Probekörper		Druckfestigkeit im Durchschnitt
	1/30	31/60	61/90	91/120	121/150	151/180	181/210		a	b	a	b	
m											kg pro qcm		
Stamm Nr. 45													
1,00	478	535	522	515	512	—	—	519	540	561	512	460	486
4,28	438	534	551	556	557	—	—	517	533	543	528	489	508
8,53	448	506	525	522	522	—	—	517	550	579	480	456	468
12,93	—	468	491	507	489	—	—	491	509	537	527	465	496
17,13	—	486	485	500	468	—	—	486	552	555	501	530	515
21,13	—	—	473	468	464	—	—	468	425	535	444	495	469
25,40	—	—	492	464	450	—	—	464	544	511	565	451	508
30,85	—	—	—	—	506	—	—	506	—	—	—	—	—
Stamm Nr. 46													
2,00	485	548	612	604	579	—	—	563	561	564	583	516	549
6,25	470	520	574	557	540	—	—	533	565	419	516	421*	516*
10,45	451	504	586	564	552	—	—	535	549	545	517	509	513
14,65	—	470	500	562	565	—	—	503	534	549	498	483	490
19,03	—	478	543	545	521	—	—	522	532	551	521	600	560
23,40	—	489	556	572	534	—	—	548	564	—	568	—	568
27,75	—	—	531	564	563	—	—	505	589	571	618	588	603
31,70	—	—	—	550	574	—	—	558	513	—	575	—	575
36,20	—	—	—	—	592	—	—	592	—	—	—	—	—
Stamm Nr. 47													
2,00	440	538	569	545	596	—	—	551	572	566	472	491	481
6,35	428	460	513	514	530	—	—	499	604	511	549	516	532
10,80	—	455	489	522	515	—	—	495	579	496	481	501	491
15,10	—	442	484	522	547	—	—	502	484	546	471	480	475
19,40	—	432	465	490	496	—	—	480	484	554	484	560	522
23,60	—	—	495	516	536	—	—	517	496	540	512	565	538
27,75	—	—	—	522	506	—	—	514	580	503	569	523	546
32,50	—	—	—	—	535	—	—	535	—	—	—	—	—
Stamm Nr. 48													
1,00	—	469	486	—	—	—	—	479	523	524	435	407	421
3,53	—	438	478	—	—	—	—	461	503	461	452	476	464
6,68	—	408	484	—	—	—	—	456	472	443	486	492	489
10,03	—	396	452	—	—	—	—	443	468	452	422	442	432
15,78	—	—	456	—	—	—	—	456	—	—	—	—	—

Fichte.

Höhe am Stamm	Absolutes Trockengewicht in der Periode							Absolutes Trockengewicht der Sektion	Spezifisches Lufttrockengewicht der Probekörper		Druckfestigkeit der Probekörper		im Durchschnitt
	1/30	31/60	61/90	91/120	121/150	151/180	181/210		a	b	a	b	
m											kg pro qcm		
							Stamm Nr. 49						
1,00	344	364	395	—	—	—	—	374	406	434	354	397	375
3,70	—	359	399	—	—	—	—	373	399	385	396	392	394
6,77	—	347	402	—	—	—	—	370	387	379	395	374	384
9,92	—	346	375	—	—	—	—	362	376	390	375	402	388
15,87	—	362	383	—	—	—	—	379	395	388	362	357	359
19,02	—	—	375	—	—	—	—	375	—	—	—	—	—
							Stamm Nr. 50						
1,20	445	463	540	—	—	—	—	490	487	498	511	502	506
4,10	394	436	512	—	—	—	—	466	450	467	458	485	471
7,20	—	502	474	—	—	—	—	488	458	449	466	433	449
10,40	—	419	469	—	—	—	—	454	458	405	415	475	445
13,60	—	418	440	—	—	—	—	438	457	447	476	468	472
16,75	—	—	442	—	—	—	—	442	447	467	440	389	414
20,68	—	—	454	—	—	—	—	454	—	—	—	—	—
							Stamm Nr. 51						
1,00	427	469	499	—	—	—	—	473	501	429	516	457	486
3,68	419	437	487	—	—	—	—	453	467	441	493	466	479
7,00	—	433	471	—	—	—	—	454	499	472	460	363*	460
10,25	—	433	471	—	—	—	—	448	500	443	501	430	465
13,05	—	—	439	—	—	—	—	439	464	500	480	424	452
17,35	—	—	411	—	—	—	—	411	—	—	—	—	—
							Stamm Nr. 52						
1,00	385	423	491	482	500	—	—	449	480	467	362*	443	443
4,38	358	410	474	459	465	—	—	429	431	454	409	424	416
8,93	—	404	466	467	476	—	—	439	428	424	462	481	471
13,13	—	403	453	465	453	—	—	437	452	458	419	454	436
17,33	—	407	424	462	475	—	—	441	453	461	433	436	434
21,70	—	—	433	446	464	—	—	446	475	474	508	505	506
25,85	—	—	459	478	483	—	—	479	480	569	437	499	468
31,35	—	—	—	—	507	—	—	507	—	—	—	—	—

Höhe am Stamm	Absolutes Trockengewicht in der Periode							Absolutes Trockengewicht der Sektion	Spezifisches Lufttrockengewicht der Probekörper		Druckfestigkeit der Probekörper		Druckfestigkeit im Durchschnitt
	1/30	31/60	61/90	91/120	121/150	151/180	181/210		a	b	a	b	
m											kg pro qcm		
							Stamm Nr. 53						
0,95	379	391	432	415	417	431	—	408	412	435	369	400	384
4,18	378	378	427	424	432	436	—	408	427	413	388	375	381
8,43	387	394	415	413	420	419	—	409	422	448	413	421	417
12,66	—	394	407	423	416	415	—	409	420	447	365	403	384
17,06	—	398	396	404	408	428	—	405	440	446	404	430	417
21,26	—	—	441	426	413	436	—	427	503	451	408	303*	408
25,11	—	—	426	424	411	403	—	415	462	439	449	440	444
29,36	—	—	—	439	438	428	—	436	454	485	400*	462	462
34,61	—	—	—	—	—	463	—	463	—	—	—	—	—
							Stamm Nr. 54						
1,30	430	499	537	524	510	489	—	502	523	555	494	486	490
4,68	431	490	521	506	476	440	—	488	546	515	483	470	476
9,33	—	459	516	504	455	448	—	480	506	550	476	555	515
13,98	—	473	517	513	450	462	—	492	521	556	580	526	553
18,18	—	468	523	517	475	465	—	502	526	572	530	483	506
22,58	—	—	505	514	500	474	—	504	531	586	512	531	521
26,93	—	—	502	508	493	472	—	496	568	547	550	515	532
31,33	—	—	—	581	559	576	—	567	571	535	615	541	578
							Stamm Nr. 55						
1,00	416	471	517	499	503	484	—	493	539	532	470	465	467
4,25	—	438	498	504	496	496	—	485	523	513	518	507	512
8,57	—	421	462	498	485	476	—	476	496	501	490	520	505
12,87	—	—	454	474	470	464	—	468	492	503	449	554	501
17,14	—	—	—	463	460	463	—	461	487	503	511	495	503
22,29	—	—	—	—	433	452	—	447	460	470	443	486	464
							Stamm Nr. 56						
1,00	366	406	417	411	393	—	—	404	445	433	356	404	380
4,55	377	386	405	411	400	—	—	398	426	430	406	409	407
8,85	—	401	398	403	403	—	—	400	425	445	401	465	433
13,32	—	—	426	423	403	—	—	416	441	463	446	488	467
18,02	—	—	—	418	411	—	—	413	454	472	435	434	434
22,67	—	—	—	—	430	—	—	430	—	—	—	—	—

Fichte.

Höhe am Stamm	Absolutes Trockengewicht in der Periode							Absolutes Trockengewicht der Sektion	Spezifisches Lufttrockengewicht der Probekörper		Druckfestigkeit der Probekörper		
	1/30	31/60	61/90	91/120	121/150	151/180	181/210		a	b	a	b	im Durchschnitt
m											kg pro qcm		
Stamm Nr. 57													
1,00	383	459	473	449	438	—	—	449	479	480	512	477	493
4,45	464	485	478	462	430	—	—	469	490	507	510	439	474
8,75	—	449	464	459	444	—	—	454	507	489	444	472	458
13,05	—	—	458	448	435	—	—	445	501	477	353*	500	500*
17,20	—	—	—	459	448	—	—	476	478	521	514	418	466
22,05	—	—	—	—	460	—	—	460	—	—	—	—	—
Stamm Nr. 58													
1,00	410	439	472	—	—	—	—	451	464	460	476	447	461
4,10	425	420	484	—	—	—	—	450	444	445	486	451	468
8,20	—	393	461	—	—	—	—	425	419	434	448	424	436
12,38	—	393	441	—	—	—	—	421	423	410	398	385	391
16,53	—	374	406	—	—	—	—	400	433	412	350	379	364
20,66	—	—	394	—	—	—	—	394	463	402	359	356	357
25,26	—	—	440	—	—	—	—	440	—	—	—	—	—
Stamm Nr. 59													
1,00	436	407	455	—	—	—	—	421	469	450	406	458	432
3,95	436	408	483	—	—	—	—	444	432	439	409	430	419
8,15	—	379	444	—	—	—	—	411	412	409	404	405	404
12,53	—	381	419	—	—	—	—	405	405	408	414	342	378
16,95	—	388	403	—	—	—	—	400	409	424	347	362	354
21,25	—	—	413	—	—	—	—	413	423	425	324	379	353
25,65	—	—	439	—	—	—	—	439	—	—	—	—	—
Stamm Nr. 60													
2,00	406	448	491	—	—	—	—	452	482	457	409	400	404
6,30	426	415	489	—	—	—	—	440	426	—	375	399	387
10,30	—	393	496	—	—	—	—	423	423	417	377	372	374
14,30	—	391	451	—	—	—	—	423	420	441	338	387	462
18,35	—	418	424	—	—	—	—	423	411	353	329	352	340
23,70	—	—	460	—	—	—	—	460	—	—	347	461	394

Anlage III.

Raumgewichte

des in den verschiedenen Lebensaltern erzeugten Holzes.

Fichte.

Stamm Nr.	a) Trockenvolumen — Spezifisches Trockengewicht pro Kubikmeter Trockenvolumen in der Periode							b) Frischvolumen — Trockengewicht pro Kubikmeter Frischvolumen in der Periode						
	0/30	31/60	61/90	91/120	121/150	151/180	181/210	0/30	31/60	61/90	91/120	121/150	151/180	181/210
	Kilogramm							Kilogramm						
1	414	456	—	—	—	—	—	384	395	—	—	—	—	—
2	404	428	—	—	—	—	—	313	360	—	—	—	—	—
3	358	402	—	—	—	—	—	323	351	—	—	—	—	—
4	369	441	—	—	—	—	—	338	389	—	—	—	—	—
5	420	462	521	525	—	—	—	361	402	441	446	—	—	—
6	355	441	499	515	—	—	—	310	384	423	438	—	—	—
7	350	396	441	475	—	—	—	314	347	386	391	—	—	—
8	427	406	441	439	—	—	—	376	361	385	380	—	—	—
9	395	412	434	418	408	433	—	345	369	377	371	359	380	—
10	416	432	424	397	398	398	—	368	380	371	355	356	354	—
11	420	432	435	429	408	410	—	362	371	383	371	356	359	—
12	425	444	471	467	463	467	—	365	392	417	413	406	413	—
13	395	421	468	476	—	—	—	367	366	402	415	—	—	—
14	340	357	418	439	—	—	—	308	321	358	359	—	—	—
15	402	417	469	485	—	—	—	355	367	403	421	—	—	—
16	346	371	415	436	—	—	—	309	328	361	376	—	—	—
17	390	429	468	477	—	—	—	342	374	406	413	—	—	—
18	389	405	435	455	—	—	—	341	361	381	400	—	—	—
19	382	417	484	505	—	—	—	328	362	416	423	—	—	—
20	435	438	488	—	—	—	—	379	381	421	—	—	—	—

Fichte.

Stamm Nr.	a) Trockenvolumen							b) Frischvolumen						
	Spezifisches Trockengewicht pro Kubikmeter Trockenvolumen in der Periode							Trockengewicht pro Kubikmeter Frischvolumen in der Periode						
	0/30	31/60	61/90	91/120	121/150	151/180	181/210	0/30	31/60	61/90	91/120	121/150	151/180	181/210
	Kilogramm							Kilogramm						
21	457	447	484	—	—	—	—	396	394	425	—	—	—	—
22	458	501	539	546	—	—	—	391	430	446	470	—	—	—
23	370	419	473	509	—	—	—	339	367	412	435	—	—	—
24	—	453	474	482	481	—	—	—	387	417	425	426	—	—
25	413	412	458	469	—	—	—	364	364	401	407	—	—	—
26	—	439	454	473	492	—	—	—	389	401	412	439	—	—
27	—	—	475	483	480	505	—	—	—	397	418	415	442	—
28	383	422	461	479	—	—	—	337	371	400	412	—	—	—
29	—	374	402	470	508	—	—	—	335	357	402	434	—	—
30	421	432	441	474	—	—	—	365	370	375	398	—	—	—
31	424	451	455	498	—	—	—	366	388	390	430	—	—	—
32	387	413	457	—	—	—	—	338	357	394	—	—	—	—
33	416	471	492	—	—	—	—	371	407	424	—	—	—	—
34	426	430	486	—	—	—	—	372	374	419	—	—	—	—
35	445	494	528	—	—	—	—	384	420	452	—	—	—	—
36	421	436	450	—	—	—	—	384	387	390	—	—	—	—
37	488	423	453	—	—	—	—	405	369	393	—	—	—	—
38	442	438	452	482	—	—	-	392	379	390	413	—	—	—
39	496	430	489	—	—	—	—	421	375	424	—	—	—	—
40	413	442	482	488	—	—	—	362	383	412	417	—	—	—
41	449	444	473	504	—	—	—	386	384	409	437	—	—	—
42	478	448	515	532	—	—	—	412	394	439	459	—	—	—
43	460	422	445	450	—	—	—	416	360	379	391	—	—	—
44	473	448	443	509	554	—	—	409	399	384	436	468	—	—
45	453	481	512	506	501	—	—	384	410	433	433	431	—	—
46	477	506	561	554	578	—	—	410	436	476	476	485	—	—
47	436	478	509	520	535	—	—	376	407	436	444	452	—	—
48	—	434	472	—	—	—	—	—	374	406	—	—	—	—
49	344	356	390	—	—	—	—	305	314	341	—	—	—	—
50	431	458	477	—	—	—	—	380	396	412	—	—	—	—

Stamm Nr.	a) Trockenvolumen: Spezifisches Trockengewicht pro Kubikmeter Trockenvolumen in der Periode							b) Frischvolumen: Trockengewicht pro Kubikmeter Frischvolumen in der Periode						
	0/30	31/60	61/90	91/120	121/150	151/180	181/210	0/30	31/60	61/90	91/120	121/150	151/180	181/210
	Kilogramm							Kilogramm						
51	424	443	469	—	—	—	—	368	383	403	—	—	—	—
52	370	409	454	465	478	—	—	318	353	387	392	401	—	—
53	379	389	417	419	419	428	—	331	337	360	361	360	369	—
54	430	478	519	513	486	478	—	360	406	438	437	411	408	—
55	416	447	483	490	480	472	—	361	385	417	419	411	402	—
56	371	394	409	414	392	—	—	322	345	357	359	351	—	—
57	411	469	468	455	446	—	—	344	393	395	391	386	—	—
58	417	408	445	—	—	—	—	365	354	387	—	—	—	—
59	436	393	434	—	—	—	—	373	345	380	—	—	—	—
60	409	417	464	—	—	—	—	356	361	402	—	—	—	—

Anlage IV.

Durchschnittliche Raumgewichte ganzer Stämme

am Ende der verschiedenen Zuwachsperioden.

Fichte.

Stamm Nr.	a) Trockenvolumen: Spezifisches Trockengewicht im Alter							b) Frischvolumen: Trockengewicht pro Kubikmeter Frischvolumen im Alter						
	30	60	90	120	150	180	210	30	60	90	120	150	180	210
	Kilogramm							Kilogramm						
1	414	446	—	—	—	—	—	384	392	—	—	—	—	—
2	404	424	—	—	—	—	—	313	358	—	—	—	—	—
3	358	385	—	—	—	—	—	323	340	—	—	—	—	—
4	369	410	—	—	—	—	—	338	370	—	—	—	—	—
5	420	458	496	503	—	—	—	361	398	425	431	—	—	—
6	355	427	418	463	—	—	—	310	371	392	398	—	—	—
7	350	389	414	423	—	—	—	314	342	362	367	—	—	—
8	427	408	425	425	—	—	—	376	363	374	375	—	—	—
9	395	421	429	424	416	418	—	345	367	373	372	367	370	—
10	416	429	426	413	410	407	—	368	378	374	365	365	361	—
11	420	430	432	431	423	420	—	362	370	376	375	369	365	—
12	425	442	455	458	459	461	—	365	389	400	404	404	406	—
13	395	416	441	450	—	—	—	347	363	383	389	—	—	—
14	340	355	385	399	—	—	—	308	319	343	355	—	—	—
15	402	415	439	453	—	—	—	355	365	382	393	—	—	—
16	346	367	387	398	—	—	—	309	325	341	350	—	—	—
17	390	424	442	451	—	—	—	342	370	387	392	—	—	—
18	389	400	417	424	—	—	—	341	357	368	355	—	—	—
19	382	412	443	453	—	—	—	328	357	382	390	—	—	—
20	435	437	463	—	—	—	—	379	381	402	—	—	—	—

Fichte.

Stamm Nr.	a) Trockenvolumen							b) Frischvolumen						
	Spezifisches Trockengewicht im Alter							Trockengewicht pro Kubikmeter Frischvolumen im Alter						
	30	60	90	120	150	180	210	30	60	90	120	150	180	210
	Kilogramm							Kilogramm						
21	457	448	465	—	—	—	—	396	393	407	—	—	—	—
22	458	494	514	521	—	—	—	391	424	437	448	—	—	—
23	370	413	446	461	—	—	—	339	364	391	400	—	—	—
24	—	453	467	476	478	—	—	—	387	409	419	421	—	—
25	413	412	435	442	—	—	—	364	364	382	388	—	—	—
26	—	439	450	459	464	—	—	—	389	398	404	407	—	—
27	—	—	475	483	481	488	—	—	—	397	417	416	427	—
28	383	415	436	448	—	—	—	337	365	383	388	—	—	—
29	374	400	434	451	—	—	—	335	355	378	391	—	—	—
30	421	430	437	445	—	—	—	365	369	373	379	—	—	—
31	424	447	452	463	—	—	—	366	384	386	396	—	—	—
32	387	408	430	—	—	—	—	338	355	373	—	—	—	—
33	416	452	459	—	—	—	—	371	394	400	—	—	—	—
34	426	429	454	—	—	—	—	372	373	412	—	—	—	—
35	445	485	508	—	—	—	—	384	414	436	—	—	—	—
36	421	434	443	—	—	—	—	384	387	389	—	—	—	—
37	488	425	443	—	—	—	—	405	372	385	—	—	—	—
38	442	438	448	461	—	—	—	392	380	385	396	—	—	—
39	496	434	468	—	—	—	—	421	379	407	—	—	—	—
40	413	441	467	474	—	—	—	362	382	402	406	—	—	—
41	449	445	463	482	—	—	—	386	384	400	416	—	—	—
42	478	447	488	508	—	—	—	412	393	421	437	—	—	—
43	460	424	436	441	—	—	—	416	362	357	378	—	—	—
44	473	454	446	476	491	—	—	409	400	388	410	423	—	—
45	453	477	499	502	500	—	—	384	405	421	425	427	—	—
46	477	501	525	534	537	—	—	410	431	450	457	457	—	—
47	436	472	493	504	509	—	—	376	403	422	432	435	—	—
48	—	434	461	—	—	—	—	—	374	396	—	—	—	—
49	344	355	371	—	—	—	—	305	314	327	—	—	—	—
50	431	454	467	—	—	—	—	380	395	405	—	—	—	—

Fichte.

Stamm Nr.	a) Trockenvolumen							b) Frischvolumen						
	Spezifisches Trockengewicht im Alter							Trockengewicht pro Kubikmeter Frischvolumen im Alter						
	30	60	90	120	150	180	210	30	60	90	120	150	180	210
	Kilogramm							Kilogramm						
51	424	442	456	—	—	—	—	368	382	393	—	—	—	—
52	370	403	425	432	443	—	—	318	347	364	371	376	—	—
53	379	388	401	405	409	412	—	331	336	348	351	354	356	—
54	430	470	492	498	496	494	—	360	398	417	420	420	418	—
55	416	446	468	477	478	479	—	361	384	404	410	407	—	—
56	371	392	400	405	403	—	—	322	342	349	353	352	—	—
57	411	461	466	462	456	—	—	344	387	392	391	390	—	—
58	417	409	430	—	—	—	—	365	355	373	—	—	—	—
59	436	397	429	—	—	—	—	373	347	366	—	—	—	—
60	409	415	436	—	—	—	—	356	361	378	—	—	—	—

Anlage V.

Stammanalysen.

Fichte.

Höhe am Stamm m	Zahl der Jahresringe	Rindenloser Durchmesser im Alter (mm) 30	60	90	120	150	180	210	Berindeter Durchmesser mm
		Nr. 1 (45 J. h = 17,2).							
1,07	36	100	163	—	—	—	—	—	169
4,22	26	80	149	—	—	—	—	—	156
8,37	18	34	128	—	—	—	—	—	133
12,49	12	—	88	—	—	—	—	—	92
15,59	7	—	41	—	—	—	—	—	46
		Nr. 2 (47 J. h = 17,5).							
1,07	36	90	160	—	—	—	—	—	166
4,22	26	63	148	—	—	—	—	—	155
8,37	18	15	121	—	—	—	—	—	127
12,49	12	—	82	—	—	—	—	—	89
15,59	5	—	34	—	—	—	—	—	37
		Nr. 3 (44 J. h = 23,2).							
1,07	39	171	221	—	—	—	—	—	229
4,22	31	150	209	—	—	—	—	—	217
8,37	26	116	185	—	—	—	—	—	194
12,50	21	64	155	—	—	—	—	—	163
16,61	14	—	112	—	—	—	—	—	120
19,71	9	—	62	—	—	—	—	—	69
		Nr. 4 (44 J. h = 23,7).							
1,07	38	172	228	—	—	—	—	—	236
4,22	32	155	212	—	—	—	—	—	219
8,37	27	121	184	—	—	—	—	—	191
12,52	22	73	153	—	—	—	—	—	161
16,65	15	10	115	—	—	—	—	—	121
20,76	8	—	51	—	—	—	—	—	57

Fichte.

Höhe am Stamm	Zahl der Jahresringe	Rindenloser Durchmesser im Alter							Berindeter Durchmesser
		30	60	90	120	150	180	210	
m		mm							mm
		Nr. 5 (104 J. h = 33,1).							
1,12	95	107	221	320	359	—	—	—	372
4,35	87	89	200	278	311	—	—	—	323
8,60	78	35	182	261	289	—	—	—	300
12,75	70	—	158	242	270	—	—	—	280
16,85	61	—	116	214	242	—	—	—	252
21,05	51	—	49	183	214	—	—	—	224
25,17	39	—	—	125	172	—	—	—	181
29,25	19	—	—	28	88	—	—	—	97
		Nr. 6 (106 J. h = 33,2).							
1,12	97	160	288	348	364	—	—	—	376
4,37	91	139	266	315	332	—	—	—	344
8,65	84	75	232	284	297	—	—	—	307
13,10	76	—	193	249	266	—	—	—	276
17,35	71	—	148	214	230	—	—	—	239
21,42	60	—	80	171	191	—	—	—	200
25,50	46	—	—	119	152	—	—	—	161
28,50	32	—	—	56	94	—	—	—	102
31,35	14	—	—	—	46	—	—	—	51
		Nr. 7 (105 J. h = 32,4).							
1,12	96	139	253	325	352	—	—	—	367
4,35	90	121	238	297	316	—	—	—	329
8,55	83	74	221	283	300	—	—	—	313
12,75	76	9	185	249	266	—	—	—	278
19,17	54	—	57	171	195	—	—	—	205
25,62	40	—	—	102	140	—	—	—	150
29,80	15	—	—	—	57	—	—	—	62
		Nr. 8 (97 J. h = 35,1).							
1,12	85	138	278	357	375	—	—	—	386
4,35	80	111	254	320	333	—	—	—	343
8,55	73	49	229	296	308	—	—	—	318
12,75	65	—	194	273	286	—	—	—	297
16,95	57	—	138	239	253	—	—	—	263
21,25	47	—	71	195	211	—	—	—	221
25,57	35	—	—	141	164	—	—	—	174
29,75	20	—	—	73	103	—	—	—	111
32,80	8	—	—	5	40	—	—	—	45

Fichte.

Höhe am Stamm	Zahl der Jahresringe	Rindenloser Durchmesser im Alter							Berindeter Durchmesser
		30	60	90	120	150	180	210	
m		mm							mm
		Nr. 9 (165 J. h = 28,7).							
1,12	152	74	150	197	248	311	348	—	366
4,35	139	24	132	179	226	287	321	—	335
8,55	128	—	92	152	201	261	295	—	308
12,72	109	—	17	101	164	221	252	—	265
16,95	87	—	—	40	117	180	209	—	222
21,20	67	—	—	—	66	144	171	—	183
25,37	35	—	—	—	—	53	83	—	89
		Nr. 10 (168 J. h = 26,4).							
1,12	158	103	188	244	305	328	358	—	373
4,35	150	68	167	220	276	297	325	—	337
8,55	139	—	131	190	247	267	298	—	310
12,92	126	—	66	143	206	228	256	—	268
16,42	101	—	—	79	158	182	211	—	222
19,24	79	—	—	5	97	122	148	—	157
23,42	52	—	—	—	9	39	68	—	75
		Nr. 11 (165 J. h = 25,7).							
1,12	153	75	183	231	271	316	346	—	360
4,35	141	20	167	214	256	299	327	—	341
8,55	128	—	101	174	223	270	299	—	311
12,75	111	—	12	112	175	229	261	—	273
16,87	86	—	—	24	106	173	208	—	221
21,00	43	—	—	—	—	84	127	—	137
23,05	10	—	—	—	—	—	40	—	45
		Nr. 12 (169 J. h = 25,1).							
1,12	159	122	225	275	300	323	343	—	360
4,35	151	72	185	234	260	283	304	—	321
8,55	138	—	129	184	212	239	264	—	280
12,72	126	—	74	130	160	189	218	—	233
16,82	108	—	—	61	90	121	155	—	168
20,90	56	—	—	—	13	54	86	—	96
22,95	11	—	—	—	—	—	30	—	35

Fichte.

Höhe am Stamm	Zahl der Jahresringe	Rindenloser Durchmesser im Alter							Berindeter Durchmesser
		30	60	90	120	150	180	210	
m		mm							mm
		Nr. 13 (111 J. h = 33,4).							
1,12	102	137	248	321	362	—	—	—	381
4,35	95	129	217	271	301	—	—	—	313
8,55	88	71	194	243	271	—	—	—	284
12,75	81	—	166	223	253	—	—	—	265
17,02	72	—	118	195	225	—	—	—	236
21,27	57	—	43	165	198	—	—	—	210
25,37	47	—	—	114	159	—	—	—	169
29,50	29	—	—	23	90	—	—	—	98
		Nr. 14 (106 J. h = 33,7).							
1,12	96	136	257	361	406	—	—	—	419
4,37	91	107	233	320	363	—	—	—	375
8,60	84	62	210	295	335	—	—	—	348
12,95	75	—	171	269	304	—	—	—	317
17,30	65	—	116	239	276	—	—	—	287
21,42	53	—	37	194	238	—	—	—	249
25,47	39	—	—	124	183	—	—	—	194
29,60	21	—	—	22	90	—	—	—	98
		Nr. 15 (112 J. h = 35,9).							
1,12	101	134	257	326	364	—	—	—	374
4,47	95	109	234	299	333	—	—	—	345
8,90	88	57	216	276	307	—	—	—	319
13,25	81	—	184	247	280	—	—	—	293
17,47	73	—	145	222	253	—	—	—	265
21,67	66	—	82	187	224	—	—	—	235
25,92	55	—	—	134	185	—	—	—	196
30,12	37	—	—	60	123	—	—	—	133
33,00	19	—	—	—	61	—	—	—	68
		Nr. 16 (112 J. h = 34,4).							
1,12	101	163	271	326	353	—	—	—	363
4,40	95	123	246	301	326	—	—	—	335
8,70	89	80	224	277	305	—	—	—	315
12,95	83	10	190	249	280	—	—	—	290
17,35	74	—	137	212	244	—	—	—	256
21,85	61	—	65	172	207	—	—	—	219
26,12	49	—	—	121	167	—	—	—	178
30,32	29	—	—	28	88	—	—	—	97

Fichte.

Höhe am Stamm	Zahl der Jahresringe	Rindenloser Durchmesser im Alter							Berindeter Durchmesser
		30	60	90	120	150	180	210	
m		mm							mm
		Nr. 17 (109 J. h = 34,2).							
1,12	101	154	296	365	399	—	—	—	414
4,35	94	129	262	318	346	—	—	—	359
8,65	88	86	238	294	321	—	—	—	335
13,05	81	15	203	267	296	—	—	—	310
17,35	74	—	152	231	260	—	—	—	272
21,55	63	—	85	189	224	—	—	—	237
25,72	51	—	—	132	177	—	—	—	189
29,92	31	—	—	41	92	—	—	—	100
		Nr. 18 (104 J. h = 35,5).							
1,12	97	181	300	387	423	—	—	—	437
4,57	91	159	280	355	385	—	—	—	398
9,00	85	119	259	333	361	—	—	—	375
13,20	79	47	219	300	328	—	—	—	342
17,40	72	—	169	268	297	—	—	—	312
21,62	62	—	102	224	258	—	—	—	273
25,92	48	—	21	157	201	—	—	—	216
30,35	31	—	—	68	116	—	—	—	125
		Nr. 19 (105 J. h = 30,5).							
1,10	94	132	245	296	312	—	—	—	319
4,30	89	106	224	273	289	—	—	—	297
8,47	83	64	204	253	269	—	—	—	279
12,62	76	6	173	228	247	—	—	—	256
16,77	66	—	124	188	208	—	—	—	218
20,80	55	—	57	142	168	—	—	—	179
24,75	40	—	—	76	115	—	—	—	125
27,72	20	—	—	16	67	—	—	—	74
		Nr. 20 (96 J. h = 31,1).							
1,10	88	148	247	312	—	—	—	—	325
3,30	85	133	233	292	—	—	—	—	304
6,47	81	107	218	276	—	—	—	—	288
10,72	72	42	182	249	—	—	—	—	259
15,22	61	—	131	214	—	—	—	—	225
19,62	48	—	76	179	—	—	—	—	190
23,75	36	—	—	136	—	—	—	—	144
27,80	14	—	—	73	—	—	—	—	79

Fichte.

Höhe am Stamm	Zahl der Jahresringe	Rindenloser Durchmesser im Alter							Berindeter Durchmesser
		30	60	90	120	150	180	210	
m		mm							mm
Nr. 21 (95 J. h = 29,7).									
1,10	89	125	245	312	—	—	—	—	324
4,30	83	103	218	276	—	—	—	—	287
8,57	75	60	201	254	—	—	—	—	265
12,87	64	—	165	225	—	—	—	—	237
17,12	54	—	121	192	—	—	—	—	203
21,40	45	—	53	146	—	—	—	—	156
25,60	25	—	—	84	—	—	—	—	92
Nr. 22 (111 J. h = 30,3).									
1,12	105	111	209	293	334	—	—	—	350
4,40	99	91	195	263	297	—	—	—	311
8,60	92	55	162	234	266	—	—	—	278
12,80	80	—	131	210	242	—	—	—	254
16,92	70	—	86	178	216	—	—	—	231
21,10	—	—	9	135	181	—	—	—	193
25,17	36	—	—	56	116	—	—	—	126
28,20	17	—	—	—	55	—	—	—	60
Nr. 23 (105 J. h = 32,3).									
1,12	96	112	217	296	324	—	—	—	337
4,42	90	94	203	272	298	—	—	—	310
8,70	81	53	187	253	278	—	—	—	288
12,87	74	—	154	226	250	—	—	—	262
17,02	64	—	109	195	218	—	—	—	230
21,35	51	—	39	154	183	—	—	—	194
25,75	40	—	—	94	134	—	—	—	147
29,95	15	—	—	—	54	—	—	—	61
Nr. 24 (139 J. h = 29,2).									
1,12	107	121	199	291	338	—	—	—	350
4,35	101	102	179	262	303	—	—	—	314
8,55	93	67	154	234	271	—	—	—	283
12,72	80	6	119	205	243	—	—	—	254
16,87	67	—	67	165	204	—	—	—	217
20,97	47	—	—	112	159	—	—	—	172
25,10	25	—	—	21	84	—	—	—	93

Fichte.

Höhe am Stamm	Zahl der Jahresringe	Rindenloser Durchmesser im Alter							Berindeter Durchmesser
		30	60	90	120	150	180	210	
m		mm							mm
		Nr. 25 (110 J. h = 30,1).							
1,12	96	125	290	359	388	—	—	—	402
4,30	92	99	255	323	352	—	—	—	365
8,45	85	39	227	296	326	—	—	—	340
12,77	77	—	179	264	296	—	—	—	311
17,07	67	—	115	216	251	—	—	—	265
21,07	57	—	42	160	206	—	—	—	220
24,05	30	—	—	65	152	—	—	—	161
27,27	21	—	—	6	91	—	—	—	99
		Nr. 26 (130 J. h = 31,9).							
1,12	101	—	186	297	366	378	—	—	395
4,35	96	—	158	251	311	323	—	—	334
8,55	89	—	120	220	281	294	—	—	307
12,80	82	—	76	184	251	264	—	—	277
17,15	73	—	21	137	211	228	—	—	239
21,42	62	—	—	74	156	177	—	—	189
25,55	39	—	—	—	95	123	—	—	132
28,62	21	—	—	—	45	72	—	—	80
		Nr. 27 (182 J. h = 31,4).							
1,12	171	23	39	111	246	330	277	—	392
4,35	127	—	—	89	211	292	336	—	352
8,65	99	—	—	33	205	250	300	—	315
13,07	81	—	—	—	90	214	264	—	279
17,30	65	—	—	—	22	159	228	—	239
21,52	49	—	—	—	—	93	179	—	191
25,65	36	—	—	—	—	19	119	—	130
28,70	18	—	—	—	—	—	63	—	70
		Nr. 28 (118 J. h = 33,2).							
1,00	111	141	245	309	345	—	—	—	355
4,25	102	116	225	277	307	—	—	—	317
8,35	95	67	204	257	285	—	—	—	294
12,45	88	—	166	225	254	—	—	—	264
16,45	80	—	122	196	228	—	—	—	237
20,40	69	—	53	160	200	—	—	—	209
24,65	51	—	—	110	164	—	—	—	172
28,85	34	—	—	29	103	—	—	—	109

Fichte.

Höhe am Stamm	Zahl der Jahresringe	Rindenloser Durchmesser im Alter							Berindeter Durchmesser
		30	60	90	120	150	180	210	
m		mm							mm
		Nr. 29 (153 J. h = 30,6).							
1,00	109	—	108	228	294	316	—	—	327
4,35	99	—	55	212	266	281	—	—	292
8,65	93	—	—	182	240	258	—	—	268
12,85	85	—	—	140	210	235	—	—	246
17,05	75	—	—	70	162	194	—	—	203
21,30	58	—	—	—	97	152	—	—	160
25,50	39	—	—	—	20	102	—	—	107
		Nr. 30 (104 J. h = 30,3).							
1 00	94	106	216	298	333	—	—	—	347
4,35	83	64	201	277	305	—	—	—	318
8,65	74	—	171	258	286	—	—	—	298
12,85	64	—	123	224	253	—	—	—	264
17,05	54	—	67	188	218	—	—	—	229
21 10	44	—	—	142	180	—	—	—	189
24,95	31	—	—	69	115	—	—	—	124
		Nr. 31 (105 J. h = 32,5).							
1,00	97	118	214	299	329	—	—	—	340
4,25	91	103	204	277	302	—	—	—	313
8,45	83	62	190	262	286	—	—	—	295
12,65	75	—	160	236	259	—	—	—	270
16,85	65	—	115	213	238	—	—	—	247
21,10	53	—	42	169	196	—	—	—	206
25,35	39	—	—	112	148	—	—	—	156
29,55	21	—	—	21	72	—	—	—	78
		Nr. 32 (83 J. h = 27,4).							
1,00	77	131	239	295	—	—	—	—	306
4,20	68	115	225	278	—	—	—	—	288
8,40	61	68	209	263	—	—	—	—	272
12,70	52	—	178	238	—	—	—	—	247
16,95	43	—	120	200	—	—	—	—	206
21,10	30	—	34	140	—	—	—	—	148
25,20	13	—	—	60	—	—	—	—	66

Fichte.

Höhe am Stamm m	Zahl der Jahresringe	Rindenloser Durchmesser im Alter							Berindeter Durchmesser mm
		30	60	90	120	150	180	210	
		mm							
		Nr. 33 (112 J. h = 25,7).							
1,00	84	12	200	280	299	—	—	—	309
4,00	77	—	169	252	271	—	—	—	281
8,05	70	—	117	220	238	—	—	—	249
12,30	61	—	54	180	202	—	—	—	212
16,45	50	—	—	131	164	—	—	—	175
20,45	33	—	—	23	81	—	—	—	87
24,05	11	—	—	—	35	—	—	—	38
		Nr. 34 (85 J. h = 28,2).							
1,00	76	111	228	286	—	—	—	—	299
4,10	69	90	213	260	—	—	—	—	268
8,30	60	40	200	248	—	—	—	—	258
12,60	52	—	158	215	—	—	—	—	222
16,55	44	—	112	182	—	—	—	—	189
20,50	34	—	50	141	—	—	—	—	149
25,40	13	—	—	61	—	—	—	—	65
		Nr. 35 (85 J. h = 29,3).							
0,90	78	131	228	296	—	—	—	—	309
4,00	68	113	217	278	—	—	—	—	288
8,20	62	60	191	257	—	—	—	—	267
12,40	54	—	160	237	—	—	—	—	248
16,60	45	—	112	208	—	—	—	—	219
20,70	33	—	43	154	—	—	—	—	163
26,05	14	—	—	66	—	—	—	—	72
		Nr. 36 (92 J. h = 15,2).							
1,00	81	80	149	194	—	—	—	—	206
3,65	70	40	135	177	—	-	—	—	186
6,80	57	—	103	158	—	—	—	—	166
9,85	36	—	21	126	—	—	—	—	132
13,00	20	—	—	62	—	—	—	—	67
		Nr. 37 (91 J. h = 17,8).							
1,00	76	57	145	199	—	—	—	—	211
3,65	64	18	135	190	—	—	—	—	201
6,80	54	—	111	177	—	—	—	—	187
9,95	43	—	58	150	—	—	—	—	160
13,10	29	—	—	100	—	—	—	—	108

Fichte.

Höhe am Stamm	Zahl der Jahresringe	Rindenloser Durchmesser im Alter							Berindeter Durchmesser
		30	60	90	120	150	180	210	
m		mm							mm
		Nr. 38 (114 J. h = 17,9).							
1,00	99	50	109	166	201	—	—	—	210
3,65	86	—	97	152	184	—	—	—	194
6,80	72	—	67	136	166	—	—	—	174
9,85	56	—	8	100	141	—	—	—	149
13,05	41	—	—	50	103	—	—	—	109
16,20	13	—	—	—	41	—	—	—	44
		Nr. 39 (99 J. h = 16,6).							
1,00	87	56	151	199	—	—	—	—	211
3,75	71	10	133	185	—	—	—	—	195
6,90	54	—	86	158	—	—	—	—	167
10,05	45	—	32	125	—	—	—	—	134
13,15	30	—	—	76	—	—	—	—	83
		Nr. 40 (127 J. h = 28,6).							
1,00	116	85	188	270	317	—	—	—	334
4,25	107	51	169	242	286	—	—	—	300
8,55	98	—	139	220	264	—	—	—	277
12,75	84	—	100	193	239	—	—	—	253
16,95	72	—	28	145	206	—	—	—	219
21,25	55	—	—	62	143	—	—	—	156
25,90	18	—	—	—	63	—	—	—	71
		Nr. 41 (120 J. h = 27,6).							
1,00	111	69	167	248	309	—	—	—	321
4,25	100	43	155	228	284	—	—	—	297
8,65	87	—	134	201	272	—	—	—	285
12,85	78	—	86	178	235	—	—	—	247
16,85	64	—	16	132	208	—	—	—	221
21,05	45	—	—	65	158	—	—	—	171
25,35	23	—	—	—	65	—	—	—	73
		Nr. 42 (127 J. h = 27,2).							
1,00	115	69	175	251	316	—	—	—	329
4,25	100	17	170	237	291	—	—	—	305
8,45	90	—	142	217	271	—	—	—	284
12,65	80	—	85	182	240	—	—	—	254
16,85	68	—	—	134	205	—	—	—	218
21,00	44	—	—	38	160	—	—	—	171
25,15	17	—	—	—	56	—	—	—	62

Fichte.

Höhe am Stamm m	Zahl der Jahresringe	Rindenloser Durchmesser im Alter 30	60	90	120	150	180	210	Berindeter Durchmesser mm
		mm							
		Nr. 43 (128 J. h = 28,3).							
1,00	120	72	184	250	300	—	—	—	311
4,45	103	34	176	243	287	—	—	—	297
8,85	91	—	133	215	259	—	—	—	269
13,05	80	—	69	176	225	—	—	—	235
17,35	66	—	—	114	184	—	—	—	195
21,65	47	—	—	44	133	—	—	—	144
26,05	21	—	—	—	46	—	—	—	53
		Nr. 44 (137 J. h = 33,4).							
1,00	130	107	166	273	344	387	—	—	404
4,18	124	88	161	260	320	353	—	—	368
8,93	108	—	118	243	302	333	—	—	350
13,33	86	—	47	204	272	303	—	—	316
17 43	71	—	—	151	245	278	—	—	294
22,13	60	—	—	73	188	225	—	—	239
26,60	45	—	—	—	114	167	—	—	178
30,97	22	—	—	—	15	64	—	—	73
		Nr. 45 (140 J. h = 34,3).							
1,00	132	108	208	305	349	374	—	—	389
4,28	126	95	191	281	322	347	—	—	361
8,53	120	62	169	257	299	325	—	—	338
12,93	112	11	138	229	272	296	—	—	308
17,13	101	—	101	190	239	263	—	—	277
21,13	88	—	39	142	208	238	—	—	248
25,40	65	—	—	66	145	176	—	—	189
30,85	38	—	—	—	46	85	—	—	90
		Nr. 46 (133 J. h = 38,2).							
2,00	125	159	266	320	357	371	—	—	389
6,25	118	131	250	304	334	346	—	—	362
10,45	112	83	231	282	310	321	—	—	336
14,65	105	16	203	260	291	303	—	—	318
19,03	97	—	154	227	264	279	—	—	293
23,40	87	—	83	181	226	240	—	—	255
27,75	72	—	—	115	180	198	—	—	211
31,70	52	—	—	31	115	142	—	—	153
36,20	18	—	—	—	15	55	—	—	64

Fichte.

Höhe am Stamm m	Zahl der Jahresringe	Rindenloser Durchmesser im Alter							Berindeter Durchmesser mm
		30	60	90	120	150	180	210	
		mm							
		Nr. 47 (137 J. h = 35,0).							
2,00	127	100	201	281	340	370	—	—	387
6,35	119	74	187	262	319	348	—	—	365
10,80	111	24	160	238	295	325	—	—	340
15,10	101	—	120	203	265	294	—	—	308
19,40	88	—	57	160	233	262	—	—	276
23,60	71	—	—	96	186	219	—	—	234
27,75	53	—	—	21	115	159	—	—	170
32,50	24	—	—	—	16	50	—	—	55
		Nr. 48 (90 J. h = 18,9).							
1,00	71	55	160	244	—	—	—	—	258
3,53	61	—	146	226	—	—	—	—	236
6,68	51	—	123	204	—	—	—	—	213
10,03	42	—	70	182	—	—	—	—	192
15,78	19	—	—	76	—	—	—	—	83
		Nr. 49 (85 J. h = 21,7).							
1,00	67	68	199	250	—	—	—	—	64
3,70	58	22	194	233	—	—	—	—	243
6,77	50	—	165	218	—	—	—	—	226
9,92	44	—	127	190	—	—	—	—	200
15,87	34	—	65	148	—	—	—	—	158
19,02	8	—	—	56	—	—	—	—	63
		Nr. 50 (96 J. h = 23,1).							
1,20	84	88	192	244	—	—	—	—	253
4,10	73	49	182	236	—	—	—	—	245
7,20	65	—	153	219	—	—	—	—	229
10,40	56	—	108	195	—	—	—	—	206
13,60	45	—	52	170	—	—	—	—	178
16,75	34	—	—	130	—	—	—	—	139
20,68	16	—	—	53	—	—	—	—	59
		Nr. 51 (90 J. h = 20,2).							
1,00	77	101	201	255	—	—	—	—	269
3,68	71	69	187	238	—	—	—	—	250
7,00	60	—	157	223	—	—	—	—	234
10,25	43	—	88	185	—	—	—	—	195
13,05	34	—	37	154	—	—	—	—	164
17,35	14	—	—	59	—	—	—	—	65

Fichte.

Höhe am Stamm	Zahl der Jahres-ringe	Rindenloser Durchmesser im Alter							Berindeter Durch-messer
		30	60	90	120	150	180	210	
m		mm							mm
				Nr. 52 (160 J. h = 34,7).					
1,00	152	166	275	323	355	385	—	—	399
4,38	143	130	262	306	333	358	—	—	570
8,93	134	43	226	277	306	330	—	—	340
13,13	126	—	177	244	276	305	—	—	317
17,33	116	—	109	202	241	273	—	—	285
21,70	103	—	18	140	192	229	—	—	245
25,85	85	—	—	61	132	188	—	—	205
31,35	38	—	—	—	—	97	—	—	106
				Nr. 53 (173 J. h = 37,5).					
0,95	163	141	252	302	341	371	390	—	407
4,18	157	103	227	283	319	347	363	—	374
8,43	149	43	191	254	292	323	339	—	353
12,66	140	—	148	224	265	296	314	—	328
17,06	130	—	90	179	228	263	284	—	298
21,26	118	—	19	126	189	232	255	—	273
25,11	101	—	—	63	136	188	215	—	229
29,36	76	—	—	—	63	129	148	—	158
34,61	33	—	—	—	—	28	65	—	72
				Nr. 54 (162 J. h = 36,7).					
1,30	155	159	267	326	366	392	401	—	414
4,68	147	120	236	285	319	342	351	—	366
9,33	138	48	196	253	287	310	318	—	330
13,98	130	—	148	217	253	277	285	—	298
18,18	121	—	93	182	220	246	255	—	270
22,58	105	—	22	126	172	205	217	—	231
26,93	88	—	—	53	109	151	164	—	177
31,33	58	—	—	—	38	86	103	—	114
				Nr. 55 (164 J. h = 25,5).					
1,00	145	70	178	238	283	330	353	—	366
4,25	135	—	151	212	253	295	314	—	326
8,57	118	—	79	174	222	268	285	—	299
12,87	95	—	—	91	167	224	245	—	259
17,14	69	—	—	—	89	168	193	—	206
22,29	26	—	—	—	—	51	98	—	105

Fichte.

Höhe am Stamm	Zahl der Jahresringe	Rindenloser Durchmesser im Alter							Berindeter Durchmesser
		30	60	90	120	150	180	210	
m		mm							mm
Nr. 56 (151 J. h = 25,4).									
1,00	139	125	233	287	322	348	—	—	360
4,55	130	74	204	262	302	331	—	—	344
8,85	119	—	150	225	270	302	—	—	316
13,32	85	—	—	123	196	243	—	—	256
18,02	64	—	—	12	112	182	—	—	194
22,67	26	—	—	—	—	79	—	—	86
Nr. 57 (157 J. h = 24,8).									
1,00	141	91	180	240	291	344	—	—	365
4,45	133	46	156	215	262	312	—	—	329
8,76	132	—	109	182	229	276	—	—	292
13,05	103	—	26	120	186	241	—	—	258
17,20	68	—	—	—	99	184	—	—	199
22,05	25	—	—	—	—	87	—	—	97
Nr. 58 (87 J. h = 27,3).									
1,00	78	96	219	300	—	—	—	—	314
4,10	67	65	202	273	—	—	—	—	285
8,20	57	—	177	245	—	—	—	—	257
12,38	48	—	142	224	—	—	—	—	236
16,53	37	—	82	193	—	—	—	—	203
20,66	27	—	—	141	—	—	—	—	150
25,26	12	—	—	52	—	—	—	—	58
Nr. 59 (87 J. h = 27,6).									
1,00	77	99	273	314	—	—	—	—	327
3,95	68	76	214	287	—	—	—	—	303
8,15	56	—	196	271	—	—	—	—	282
12,53	46	—	155	244	—	—	—	—	256
16,95	37	—	83	206	—	—	—	—	219
21,35	26	—	—	155	—	—	—	—	165
25,65	11	—	—	64	—	—	—	—	75
Nr. 60 (86 J. h = 27,1).									
2,00	73	118	225	269	—	—	—	—	280
6,30	64	54	203	245	—	—	—	—	255
10,30	53	—	180	229	—	—	—	—	238
14,30	45	—	136	202	—	—	—	—	212
18,35	36	—	70	163	—	—	—	—	173
23,70	18	—	—	79	—	—	—	—	89

II. Weisstanne.

Anlage VI.

Zusammenstellung der untersuchten Stämme

nach Standort, Alter, durchschnittlichem Raumgewicht und durchschnittlicher Druckfestigkeit.

Stamm-Nummer	Oberförsterei	Jagen bezw. Distrikt	Grundgestein und Boden	Meereshöhe m	Standortsklasse	Alter	Durchschnittliche Druckfestigkeit des ganzen Stammes kg pro qcm	Durchschnittliches spezifisches Trockengewicht des ganzen Stammes
1	Schleusingen	156	Buntsandstein. — Lehmiger Sand.	650	II	119	443	429
2	»	156		650	II	116	398	396
3	»	156		650	II	109	394	405
4	»	156		650	II	112	373	418
5	Dietzhausen	5	Buntsandstein. — Lehmiger Sand.	640	II/III	90	360	376
6	»	5		640	II/III	126	401	411
7	»	5		640	II/III	115	330	364
8	»	5		640	II/III	125	408	416
9	Schleusingen	129	Buntsandstein	ca. 500	III	132	391	436
10	»	129		ca. 500	III	123	420	427
11	»	129		ca. 500	III	126	412	413
12	»	129		ca. 500	III	120	480	458

Anlage VII.

Hauptübersicht der Einzelbeobachtungen.

Weisstanne.

Höhe am Stamm	Absolutes Trockengewicht in der Periode							Absolutes Trockengewicht der Sektion	Spezifisches Lufttrockengewicht der Probekörper		Druckfestigkeit der Probekörper		im Durchschnitt
	1/30	31/60	61/90	91/120	121/151	151/180	181/210		a	b	a	b	
m											kg pro qcm		
							Stamm Nr. 1						
1,00	423	459	484	481	—	—	—	473	476	—	488	414	451
4,35	—	407	458	458	—	—	—	437	462	455	496	492	494
8,65	—	401	449	451	—	—	—	435	453	452	476	455	465
12,95	—	396	406	429	—	—	—	411	435	431	417	417	417
17,25	—	396	396	423	—	—	—	407	441	438	406	382	394
21,50	—	—	407	409	—	—	—	410	431	444	398	427	412
25,50	—	—	—	384	—	—	—	384	447	480	379	408	393
29,30	—	—	—	425	—	—	—	425	—	—	—	—	—
							Stamm Nr. 2						
1,00	372	403	424	413	—	—	—	410	451	455	367	440	403
4,25	—	386	425	406	—	—	—	404	432	429	390	432	411
8,55	—	367	401	401	—	—	—	390	424	422	428	386	407
12,85	—	375	399	395	—	—	—	392	418	431	391	376	383
16,90	—	378	388	367	—	—	—	382	418	441	362	372	367
21,05	—	—	414	373	—	—	—	396	439	416	397	406	401
25,25	—	—	444	406	—	—	—	410	—	—	395	395	395
28,20	—	—	—	398	—	—	—	398	—	—	—	—	—
							Stamm Nr. 3						
1,00	394	444	455	442	—	—	—	445	463	—	461	385	423
4,25	—	417	422	447	—	—	—	425	441	433	428	337	382
8,45	—	364	405	379	—	—	—	385	461	414	383	405	394
12,65	—	374	385	372	—	—	—	379	445	408	408	405	406
16,85	—	—	383	388	—	—	—	386	449	396	387	364	375
21,00	—	—	—	397	—	—	—	397	—	—	388	363	375
25,30	—	—	—	401	—	—	—	401	—	—	—	—	—
							Stamm Nr. 4						
1 00	407	452	437	399	—	—	—	427	466	453	379	406	392
4,25	—	413	411	429	—	—	—	416	432	416	373	376	374
8,35	—	375	387	419	—	—	—	395	430	411	336	379	357
12,45	—	—	437	433	—	—	—	436	430	480	371	377	374
16,70	—	—	430	420	—	—	—	424	—	—	—	—	—
20,95	—	—	—	406	—	—	—	406	—	—	—	—	—

Höhe am Stamm	Absolutes Trockengewicht in der Periode							Absolutes Trockengewicht der Sektion	Spezifisches Lufttrockengewicht der Probekörper		Druckfestigkeit der Probekörper		Druckfestigkeit im Durchschnitt
	1/30	31/60	61/90	91/120	121/150	151/180	181/210		a	b	a	b	
m											kg pro qcm		
Stamm Nr. 5													
1,00	392	395	433	—	—	—	—	412	414	438	392	434	413
4,40	392	352	407	—	—	—	—	380	371	378	339	340	339
8,40	345	336	384	—	—	—	—	358	378	393	354	347	350
12,50	—	331	381	—	—	—	—	367	381	369	350	331	340
16,70	—	329	371	—	—	—	—	366	397	372	365	365	365
20,80	—	462	379	—	—	—	—	379	372	408	413	376	394
26,05	—	—	368	—	—	—	—	368	—	—		—	—
Stamm Nr. 6													
1,00	—	421	466	474	—	—	—	454	473	467	421	399	410
4,20	—	379	431	458	—	—	—	426	422	427	406	401	403
8,50	—	366	388	432	—	—	—	402	411	415	410	416	413
12,70	—	—	381	414	—	—	—	395	407	405	398	379	388
16,75	—	—	381	399	—	—	—	390	404	405	387	412	399
20,80	—	—	365	381	—	—	—	379	407	423	380	383	381
25,40	—	—	—	429	—	—	—	429	—	—	—	—	—
Stamm Nr. 7													
1,00	—	367	379	434	—	—	—	382	441	—	368	—	368*
4,30	—	323	387	428	—	—	—	370	380	364	341	340	340
8,70	—	315	357	395	—	—	—	356	367	354	331	276	303
12,90	—	325	345	379	—	—	—	354	355	357	326	311	318
17,00	—	—	344	374	—	—	—	357	389	385	326	306	317
21,25	—	—	351	357	—	—	—	356	371	384	328	360	335
24,85	—	—	—	425	—	—	—	425	—	—	311	—	—
Stamm Nr. 8													
1,05	—	417	447	459	—	—	—	449	455	472	452	480	466
4,10	—	414	424	437	—	—	—	429	430	422	405	410	407
8,10	—	375	391	418	—	—	—	413	426	—	390	386	388
12,30	—	—	396	407	—	—	—	401	409	429	405	409	407
16,45	—	—	399	406	—	—	—	405	439	433	367	411	386
20,50	—	—	399	392	—	—	—	393	482	425	377	398	387
24,55	—	—	—	455	—	—	—	455	466	464	438	456	447

Weisstanne.

Höhe am Stamm	Absolutes Trockengewicht in der Periode							Absolutes Trockengewicht der Sektion	Spezifisches Lufttrockengewicht der Probekörper		Druckfestigkeit der Probekörper		Druckfestigkeit im Durchschnitt
	1/30	31/60	61/90	91/120	121/150	151/180	181/210		a	b	a	b	
m											kg pro qcm		
					Stamm Nr. 9								
1,00	—	439	481	462	461	—	—	464	484	—	428	437	432
4,25	—	355	431	456	459	—	—	439	461	435	461	401	431
8,45	—	—	394	445	413	—	—	420	440	436	425	335	380
12,65	—	—	362	427	436	—	—	408	430	417	389	382	385
16,25	—	—	335	392	449	—	—	410	466	436	282	317	299
21,02	—	—	—	385	406	—	—	395	408	393	329	395	362
					Stamm Nr. 10								
1,00	381	428	451	468	—	—	—	442	440	463	446	434	440
4,45	381	405	455	465	—	—	—	436	453	459	415	446	430
8,95	—	371	436	465	—	—	—	425	418	424	428	413	420
13,05	—	375	427	426	—	—	—	431	419	412	360	415	387
17,15	—	—	379	435	—	—	—	413	434	424	371	443	407
21,30	—	—	—	389	—	—	—	389	470	435	437	436	436
					Stamm Nr. 11								
1,00	—	452	443	470	—	—	—	452	477	—	452	417	434
4,35	—	393	397	424	—	—	—	410	431	421	394	437	415
8,65	—	—	387	408	—	—	—	400	427	413	414	438	426
13,05	—	—	391	402	—	—	—	399	423	430	364	381	372
17,40	—	—	—	393	—	—	—	393	416	414	365	441	403
22,60	—	—	—	425	—	—	—	425	—	—	—	—	—
					Stamm Nr. 12								
1,00	—	452	466	481	—	—	—	468	—	381	—	428	428*
4,15	—	452	464	488	—	—	—	477	—	492	425	519	472
8,35	—	401	442	464	—	—	—	449	454	479	585	515	550
12,65	—	—	439	456	—	—	—	450	471	470	447	507	477
16,85	—	—	428	438	—	—	—	434	480	495	416	481	448
21,10	—	—	443	472	—	—	—	472	454	458	422	479	450
25,10	—	—	—	432	—	—	—	432	—	—	—	—	—

Anlage VIII.

Raumgewichte

des in den verschiedenen Lebensaltern erzeugten Holzes.

Weisstanne.

Stamm Nr.	a) Trockenvolumen							b) Frischvolumen						
	Spezifisches Trockengewicht in der Periode							Trockengewicht pro Kubikmeter Frischvolumen in der Periode						
	0/30	31/60	61/90	91/120	121/150	151/180	181/210	0/30	31/60	61/90	91/120	121/150	151/180	181/210
	Kilogramm							Kilogramm						
1	423	413	433	432	—	—	—	377	372	383	385	—	—	—
2	372	383	402	394	—	—	—	354	343	362	356	—	—	—
3	394	403	408	405	—	—	—	345	355	357	354	—	—	—
4	407	417	417	420	—	—	—	376	379	362	377	—	—	—
5	392	353	389	—	—	—	—	346	310	345	—	—	—	—
6	—	391	406	422	—	—	—	—	341	357	371	—	—	—
7	—	337	363	391	—	—	—	—	307	319	350	—	—	—
8	—	409	411	421	—	—	—	—	368	362	370	—	—	—
9	—	392	415	452	433	—	—	—	354	365	399	384	—	—
10	381	398	432	443	—	—	—	334	354	387	394	—	—	—
11	—	434	403	417	—	—	—	—	390	356	354	—	—	—
12	—	441	450	468	—	—	—	—	382	393	402	—	—	—

Anlage IX.

Durchschnittliche Raumgewichte ganzer Stämme
am Ende der verschiedenen Zuwachsperioden.

Weisstanne.

Stamm Nr.	a) Trockenvolumen							b) Frischvolumen						
	Spezifisches Trockengewicht im Alter							Trockengewicht pro Kubikmeter Frischvolumen im Alter						
	30	60	90	120	150	180	210	30	60	90	120	150	180	210
	Kilogramm							Kilogramm						
1	423	414	426	429	—	—	—	377	372	380	381	—	—	—
2	372	383	398	396	—	—	—	354	343	355	354	—	—	—
3	394	402	405	405	—	—	—	345	354	356	356	—	—	—
4	407	414	416	418	—	—	—	376	378	365	371	—	—	—
5	392	356	376	—	—	—	—	346	313	331	—	—	—	—
6	—	391	403	411	—	—	—	—	341	353	360	—	—	—
7	—	337	355	364	—	—	—	—	307	315	324	—	—	—
8	—	409	411	416	—	—	—	—	368	362	366	—	—	—
9	—	392	412	437	436	—	—	—	354	364	386	386	—	—
10	381	398	417	427	—	—	—	334	354	372	381	—	—	—
11	—	434	404	413	—	—	—	—	390	358	356	—	—	—
12	—	441	447	458	—	—	—	—	382	392	396	—	—	—

Stammanalysen.

Weisstanne.

Höhe am Stamm	Zahl der Jahresringe	Rindenloser Durchmesser im Alter							Berindeter Durchmesser
		30	60	90	120	150	180	210	
m		mm							mm
		Nr. 1 (119 J. h = 31,2).							
1,00	103	79	195	280	324	—	—	—	341
4,35	95	44	176	245	283	—	—	—	297
8,65	87	—	149	220	262	—	—	—	278
12,95	77	—	114	201	242	—	—	—	256
17,25	66	—	48	174	222	—	—	—	236
21,50	50	—	—	127	190	—	—	—	202
25,50	31	—	—	—	135	—	—	—	142
29,30	12	—	—	—	63	—	—	—	68
		Nr. 2 (116 J. h = 30,3).							
1,00	96	70	208	284	316	—	—	—	332
4,25	89	26	188	254	284	—	—	—	300
8,55	82	—	154	229	260	—	—	—	273
12,85	74	—	117	201	233	—	—	—	247
16,90	66	—	59	173	206	—	—	—	217
21,05	52	—	—	134	177	—	—	—	188
25,25	34	—	—	37	127	—	—	—	137
28,80	10	—	—	—	48	—	—	—	53
		Nr. 3 (109 J. h = 27,6).							
1,00	95	85	200	270	321	—	—	—	336
4,25	85	47	186	262	298	—	—	—	315
8,45	76	—	151	230	265	—	—	—	276
12,65	66	—	106	201	237	—	—	—	249
16,85	52	—	17	154	202	—	—	—	212
21,00	31	—	—	67	152	—	—	—	160
25,30	12	—	—	—	65	—	—	—	71
		Nr. 4 (112 J. h = 25,2).							
1,00	92	47	155	269	330	—	—	—	346
4,25	84	10	140	252	300	—	—	—	315
8,35	73	—	99	224	274	—	—	—	288
12,45	56	—	12	183	240	—	—	—	250
16,70	—	—	—	123	196	—	—	—	203
20,95	14	—	—	—	88	—	—	—	93

Weisstanne.

Höhe am Stamm m	Zahl der Jahresringe	Rindenloser Durchmesser im Alter							Berindeter Durchmesser mm
		30	60	90	120	150	180	210	
		mm							
		Nr. 5 (90 J. h = 29,2).							
1,10	74	110	219	293	—	—	—	—	305
4,40	69	71	211	280	—	—	—	—	292
8,40	62	10	188	262	—	—	—	—	275
12,50	53	—	148	241	—	—	—	—	251
16,70	42	—	83	207	—	—	—	—	217
20,80	32	—	10	159	—	—	—	—	168
26,05	15	—	—	79	—	—	—	—	85
		Nr. 6 (126 J. h = 28,0).							
1,00	89	—	156	248	291	—	—	—	306
4,20	83	—	134	229	273	—	—	—	288
8,50	75	—	84	204	252	—	—	—	265
12,70	68	—	16	174	227	—	—	—	240
16,75	60	—	—	132	204	—	—	—	216
20,80	46	—	—	64	169	—	—	—	179
25,40	27	—	—	—	89	—	—	—	95
		Nr. 7 (115 J. h = 26,3).							
1,00	85	—	184	265	286	—	—	—	302
4,30	78	—	154	240	262	—	—	—	276
8,70	69	—	106	211	236	—	—	—	248
12,90	61	—	41	180	208	—	—	—	219
17,00	49	—	—	133	177	—	—	—	182
21,25	35	—	—	49	129	—	—	—	137
24,85	14	—	—	—	52	—	—	—	58
		Nr. 8 (125 J. h = 29,9).							
1,05	85	—	118	218	297	—	—	—	314
4,10	78	—	98	212	285	—	—	—	299
8,10	71	—	53	194	266	—	—	—	279
12,30	64	—	—	166	247	—	—	—	261
16,45	55	—	—	139	221	—	—	—	233
20,50	44	—	—	54	185	—	—	—	197
24,55	31	—	—	—	132	—	—	—	142
28,25	12	—	—	—	47	—	—	—	52

Höhe am Stamm m	Zahl der Jahrcsringe	Rindenloser Durchmesser im Alter 30	60	90	120	150	180	210	Berindeter Durchmesser mm
		mm							
		Nr. 9 (132 J. h = 26,8).							
1,00	100	—	100	204	299	327	—	—	347
4,25	87	—	84	187	267	288	—	—	302
8,45	77	—	29	167	245	266	—	—	280
12,65	66	—	—	133	223	245	—	—	259
16,85	49	—	—	39	182	212	—	—	225
21,02	35	—	—	—	120	167	—	—	177
24,95	13	—	—	—	—	66	—	—	74
		Nr. 10 (123 J. h = 25,4).							
1,00	107	78	196	252	300	—	—	—	321
4,45	99	39	175	228	271	—	—	—	289
8,95	86	—	139	201	244	—	—	—	261
13,05	75	—	72	175	222	—	—	—	236
17,15	57	—	—	118	183	—	—	—	197
21,30	37	—	—	14	128	—	—	—	137
		Nr. 11 (126 J. h = 25,8).							
1,00	84	—	78	196	295	—	—	—	315
4,35	71	—	38	181	269	—	—	—	283
8,65	61	—	—	157	248	—	—	—	261
13,05	51	—	—	108	220	—	—	—	233
17,40	42	—	—	37	192	—	—	—	205
22,60	18	—	—	—	94	—	—	—	106
		Nr. 12 (120 J. h = 26,9).							
1,00	105	42	146	241	313	—	—	—	333
4,15	89	—	125	224	301	—	—	—	322
8,35	73	—	83	198	273	—	—	—	295
12,65	62	—	—	155	238	—	—	—	256
16,85	49	—	—	104	198	—	—	—	214
21,10	33	—	—	16	148	—	—	—	159
25,10	13	—	—	—	66	—	—	—	74

III. Weymuthskiefer.

Anlage XI.

Zusammenstellung der untersuchten Stämme

nach Standort, Alter, durchschnittlichem Raumgewicht und durchschnittlicher Druckfestigkeit.

Stamm-Nummer	Oberförsterei	Jagen bezw. Distrikt	Grundgestein und Boden	Standortsklasse	Alter	Durchschnittliche Druckfestigkeit des ganzen Stammes. kg pro qcm	Durchschnittliches spezifisches Trockengewicht des ganzen Stammes
1	Schelitz	156	Diluvium. — Sehr tiefgründiger, fester grauer Sand; bis 60 cm mässig frisch, im Untergrunde ziemlich trocken. — Pflanzung im 1,5/2 m Verbande, gut z. T. gedrängt geschlossen.	I/II	101	422	380
2	»	156		I/II	101	410	374
3	»	156		I/II	101	444	366
4	Schelitz	60	Diluvium. — Sehr tiefgründiger, trockener, gelber Sand. — Pflanzung im 1,8 m Δ Verband, mässig durchforstet, ungleich geschlossen (teils mässig, teils gedrängt)	II	98	399	381
5	»	60		II	98	428	395
6	»	60		II	98	446	385
7	Rogelwitz	47	Diluvium. — Tiefgründiger, mässig frischer, anlehmiger Sand mit Lehm im Untergrunde. — Pflanzung im 3/2,5 m Verband, nur auf Trockniss durchhauen, in der Jugend locker, jetzt streng geschlossen.	I	101	395	373
8	»	47		I	101	405	332
9	»	47		I	101	366	348
10	»	47		I	101	461	387
11	»	47		I	101	346	346

Anlage XII.

Hauptübersicht der Einzelbeobachtungen.

Weymuthskiefer.

Höhe am Stamm	Absolutes Trockengewicht in der Periode							Absolutes Trockengewicht der Sektion	Spezifisches Lufttrockengewicht der Probekörper		Druckfestigkeit der Probekörper		im Durchschnitt
	1/30	31/60	61/90	91/120	121/150	151/180	181/210		a	b	a	b	
m											kg pro qcm		
Stamm Nr. 1													
1,10	363	431	422	408	—	—	—	405	410	426	459	494	477
4,40	355	387	353	337	—	—	—	366	382	390	458	452	455
8,90	354	367	393	332	—	—	—	369	364	381	430	402	416
13,37	—	436	366	358	—	—	—	402	392	363	404	334	369
17,62	—	367	351	336	—	—	—	353	393	381	400	388	394
21,67	—	—	408	408	—	—	—	407	397	410	401	363	382
Stamm Nr. 2													
1,10	360	439	467	437	—	—	—	423	421	420	520	510	515
4,30	345	368	376	337	—	—	—	361	383	371	479	435	457
8,50	342	367	374	352	—	—	—	364	371	368	471	404	438
12,75	—	361	361	352	—	—	—	361	391	368	470	429	450
17,13	—	372	390	342	—	—	—	372	376	397	401	447	424
21,57	—	—	367	361	—	—	—	364	396	413	417	445	431
25,15	—	—	—	405	—	—	—	405	—	—	—	—	—
Stamm Nr. 3													
1,12	349	403	401	384	—	—	—	387	409	401	516	490	503
4,35	350	361	370	343	—	—	—	360	380	381	468	471	470
8,65	355	354	375	345	—	—	—	361	368	374	460	428	444
13,10	—	355	358	355	—	—	—	355	365	375	411	456	434
17,52	—	389	390	354	—	—	—	381	384	374	382	351	367
21,82	—	—	373	350	—	—	—	363	404	383	364	368	366
25,75	—	—	—	377	—	—	—	377	—	—	—	—	—

Weymuthskiefer.

Höhe am Stamm	Absolutes Trockengewicht in der Periode							Absolutes Trockengewicht der Sektion	Spezifisches Lufttrockengewicht der Probekörper		Druckfestigkeit der Probekörper		im Durchschnitt
	1/30	31/60	61/90	91/120	121/150	151/180	181/210		a	b	a	b	
m											kg pro qcm		
								Stamm Nr. 4					
1,10	303	414	445	423	—	—	—	393	395	384	463	402	433
4,30	311	394	386	368	—	—	—	370	378	363	412	365	389
8,57	325	370	404	373	—	—	—	380	382	383	393	423	408
12,82	—	370	385	373	—	—	—	379	397	387	510	423	467
17,07	—	370	383	399	—	—	—	383	411	393	444	402	423
21,50	—	—	392	385	—	—	—	390	337	411	364	349	357
24,77	—	—	—	426	—	—	—	426	—	—	—	—	—
								Stamm Nr. 5					
1,10	344	453	424	430	—	—	—	419	408	448	484	546	515
4,30	338	407	418	389	—	—	—	399	415	406	491	503	497
8,47	337	390	402	368	—	—	—	390	415	415	508	480	494
12,72	—	380	395	374	—	—	—	387	417	402	524	429	477
16,97	—	367	390	378	—	—	—	385	413	396	428	423	426
21,10	—	—	386	354	—	—	—	369	391	419	345	354	350
								Stamm Nr. 6					
1,10	368	421	449	400	—	—	—	410	—	—	—	—	—
4,30	337	385	390	382	—	—	—	374	397	377	461	432	447
8,57	355	394	389	376	—	—	—	386	406	408	499	393	446
12,82	—	387	372	367	—	—	—	380	386	401	428	476	452
17,07	—	391	379	348	—	—	—	373	410	415	484	389	437
21,50	—	—	395	387	—	—	—	390	—	—	—	—	—
	1/30	31/60	61/75	75/90	91/120								
								Stamm Nr. 7					
1,15	326	418	443	449	424	—	—	391	—	373	—	314*	314*
4,32	314	396	412	392	391	—	—	367	364	361	342	402	372
8,47	323	367	397	379	364	—	—	361	352	367	411	438	425
12,70	338	354	383	375	362	—	—	362	365	378	408	449	429
16,90	—	373	390	370	353	—	—	374	389	369	455	440	448
20,97	—	—	386	389	379	—	—	385	—	—	—	—	—
25,25	—	—	—	371	387	—	—	382	—	—	—	—	—

Höhe am Stamm	Absolutes Trockengewicht in der Periode							Absolutes Trockengewicht der Sektion	Spezifisches Lufttrockengewicht der Probekörper		Druckfestigkeit der Probekörper		im Durchschnitt
	1/30	31/60	61/75	75/90	91/120	151/180	181/210		a	b	a	b	
m											kg pro qcm		
					Stamm Nr. 8								
1,17	305	351	347	357	345	—	—	331	341	335	416	387	402
4,45	303	346	352	337	320	—	—	327	330	339	374	415	395
8,72	316	327	339	342	311	—	—	327	338	332	423	398	411
12,92	358	330	355	331	300	—	—	331	339	348	383	444	414
17,12	—	363	381	335	339	—	—	356	350	355	432	444	438
21,32	—	—	373	325	326	—	—	339	378	374	366	330	348
23,90	—	—	—	—	411	—	—	411	—	—	—	—	—
					Stamm Nr. 9								
1,25	317	380	363	358	370	—	—	346	353	341	381	359	370
4,75	310	373	353	336	363	—	—	341	350	347	375	404	390
9,05	320	357	359	327	353	—	—	347	369	345	459	395	427
13,22	344	351	369	347	343	—	—	352	365	388	446	380	413
17,42	—	360	366	349	338	—	—	356	382	376	499	395	447
21,75	—	382	376	343	331	—	—	353	389	393	381	346	364
25,75	—	—	—	—	441	—	—	441	—	—	—	—	—
	1/30	31/60	61/75	75/120	91/120								
					Stamm Nr. 10								
1,10	333	458	457	447	—	—	—	407	414	407	513	486	500
4,22	338	396	436	445	—	—	—	387	384	369	468	469	469
8,42	347	382	411	440	—	—	—	386	387	375	466	453	460
12,67	353	372	414	417	—	—	—	388	379	381	474	507	491
16,82	—	373	387	370	—	—	—	376	402	402	486	422	454
20,95	—	—	385	322	—	—	—	356	404	402	393	406	400
24,05	—	—	—	401	—	—	—	401	—	—	—	—	—
	1/30	31/45	46/102										
					Stamm Nr. 11								
1,07	342	368	375	—	—	—	—	353	363	333	326	321	324
4,25	318	339	340	—	—	—	—	331	337	343	313	329	321
8,45	—	349	344	—	—	—	—	347	363	356	373	351	362
12,60	—	—	350	—	—	—	—	350	364	365	353	399	376
16,70	—	—	366	—	—	—	—	366	378	383	380	367	374
20,87	—	—	342	—	—	—	—	342	—	—	—	—	—

Anlage XIII.

Raumgewichte

des in den verschiedenen Lebensaltern erzeugten Holzes.

Weymuthskiefer.

Stamm Nr.	a) Trockenvolumen: Spezifisches Trockengewicht in der Periode (Kilogramm)							b) Frischvolumen: Trockengewicht pro Kubikmeter Frischvolumen in der Periode (Kilogramm)						
	0/30	31/60	61/90	91/120	121/150	151/180	181/210	0/30	31/60	61/90	91/120	121/150	151/180	181/210
1	356	399	378	362	—	—	—	327	366	345	325	—	—	—
2	350	377	388	361	—	—	—	319	341	346	318	—	—	—
3	350	367	377	357	—	—	—	325	341	339	322	—	—	—
4	309	383	398	385	—	—	—	289	353	356	346	—	—	—
5	340	402	404	382	—	—	—	315	366	361	334	—	—	—
6	351	395	394	375	—	—	—	323	358	347	327	—	—	—
	1/30	31/60	61/75	76/90	91/102			1/30	31/60	61/75	76/90	91/102		
7	321	378	401	390	378	—	—	294	345	364	351	337	—	—
			395							358				
8	307	341	361	338	325	—	—	286	316	334	308	287	—	—
			349							321				
9	315	363	364	346	356	—	—	291	334	333	315	315	—	—
			356							325				
10	340	393	413	406		—	—	310	358	375	362		—	—
	1/30	31/45	45/102					1/30	31/45	46/102				
11	330	349	353	—	—	—	—	316	311	314	—	—	—	—

Anlage XIV.

Durchschnittliche Raumgewichte ganzer Stämme

am Ende der verschiedenen Zuwachsperioden.

Weymuthskiefer.

Stamm Nr.	a) Trockenvolumen							b) Frischvolumen						
	Spezifisches Trockengewicht im Alter							Trockengewicht pro Kubikmeter Frischvolumen im Alter						
	30	60	90	120	150	180	210	30	60	90	120	150	180	210
	Kilogramm							Kilogramm						
1	356	387	384	380	—	—	—	327	355	352	348	—	—	—
2	350	371	376	374	—	—	—	319	336	340	336	—	—	—
3	350	363	369	366	—	—	—	325	336	337	333	—	—	—
4	309	365	380	381	—	—	—	289	337	346	346	—	—	—
5	340	389	397	395	—	—	—	315	356	359	356	—	—	—
6	351	382	387	385	—	—	—	323	349	348	345	—	—	—
	30	60	75	90	102			30	60	75	90	102		
7	321	357	367	371	373	—	—	294	326	335	337	337	—	—
8	307	326	334	334	332	—	—	286	304	311	310	306	—	—
9	315	344	347	348	348	—	—	291	317	320	320	319	—	—
10	340	373	382	—	387	—	—	310	340	348	—	351	—	—
	30	45	102					30	45	102				
11	330	339	346	—	—	—	—	316	314	314	—	—	—	—

Anlage XV.

Stammanalysen.

Weymuthskiefer.

Höhe am Stamm m	Zahl der Jahresringe	Rindenloser Durchmesser im Alter 30	60	90	120	150	180	210	Berindeter Durchmesser mm
		mm							
Nr. 1 (101 J. h = 26,5).									
1,10	95	169	250	288	303	—	—	—	333
4,40	89	141	224	257	270	—	—	—	287
8,90	82	92	194	230	244	—	—	—	261
13,37	73	11	165	209	228	—	—	—	240
17,62	59	—	95	161	181	—	—	—	194
21,67	40	—	—	106	138	—	—	—	148
Nr. 2 (101 J. h = 26,7).									
1,10	94	167	251	296	315	—	—	—	334
4,30	89	141	226	263	280	—	—	—	293
8 50	82	78	200	239	255	—	—	—	266
12,75	72	4	174	219	237	—	—	—	248
17,13	60	—	105	172	196	—	—	—	209
21,57	41	—	—	89	130	—	—	—	139
25,15	10	—	—	13	34	—	—	—	38
Nr. 3 (101 J. h = 27,6).									
1,12	94	152	236	287	309	—	—	—	328
4,35	89	131	216	265	286	—	—	—	300
8,65	81	86	185	236	259	—	—	—	269
13,10	71	—	154	211	235	—	—	—	246
17,52	58	—	91	174	204	—	—	—	215
21,82	41	—	—	108	146	—	—	—	157
25,75	12	—	—	25	57	—	—	—	64
Nr. 4 (98 J. h = 25,3).									
1,10	88	151	220	278	289	—	—	—	309
4,30	82	124	202	251	259	—	—	—	270
8,57	75	60	177	226	241	—	—	—	247
12,82	64	—	140	198	208	—	—	—	217
17,07	54	—	77	158	171	—	—	—	180
21,15	33	—	—	99	122	—	—	—	132
24,77	10	—	—	—	30	—	—	—	33

Höhe am Stamm m	Zahl der Jahresringe	Rindenloser Durchmesser im Alter (mm)							Berindeter Durchmesser mm
		30	60	90	120	150	180	210	
		Nr. 5 (98 J. h = 24,7).							
1,10	89	128	203	269	285	—	—	—	306
4,30	82	103	188	248	262	—	—	—	276
8,47	75	53	164	223	238	—	—	—	249
12.72	67	—	134	201	215	—	—	·	225
16,97	54	—	59	160	178	—	—	—	192
21,10	28	—	—	71	104	—	—	—	118
		Nr. 6 (98 J. h = 23,7).							
1.10	89	151	222	268	285	—	—	—	304
4,30	83	125	201	238	254	—	—	—	264
8,57	76	70	171	208	223	—	—	—	239
12,82	68	—	131	178	194	—	—	—	204
17,07	54	—	54	138	159	—	—	—	169
21,50	24	—	—	45	71	—	—	—	77
		30	60	75	90	102			
		Nr. 7 (102 J. h = 28,3).							
1,15	98	287	379	412	443	468	—	—	501
4,32	93	253	345	375	399	420	—	—	440
8,47	89	189	303	334	358	379	—	—	395
12,70	80	92	267	304	330	352	—	—	369
16,90	62	—	194	248	285	310	—	—	326
20,97	57	—	69	168	231	265	—	—	279
25,25	30	—	—	—	56	98	—	—	109
		Nr. 8 (102 J.[1]).							
1,17	95	217	276	294	316	334	—	—	356
4,45	90	185	248	266	286	303	—	—	317
8,72	86	132	213	231	251	268	—	—	281
12,92	77	41	173	197	217	236	—	—	248
17,12	66	—	115	156	182	203	—	—	219
21,32	43	—	—	77	113	147	—	—	160
23,90	20	—	—	—	27	70	—	—	80

[1]) h nicht zu ermitteln.

Weymuthskiefer.

Höhe am Stamm m	Zahl der Jahresringe	Rindenloser Durchmesser im Alter							Berindeter Durchmesser mm
		30	60	90	120	150	180	210	
		mm							
		Nr. 9 (102 J. h = ?).							
1,25	97	265	329	349	366	383	—	—	400
4,75	92	220	293	322	337	352	—	—	369
9,05	86	158	268	292	310	327	—	—	338
13,22	80	72	223	253	273	293	—	—	304
17,42	70	—	165	203	227	248	—	—	262
21,75	50	—	56	122	163	191	—	—	203
25,75	25	—	—	—	47	81	—	—	94
		Nr. 10 (102 J. h = 26,9).							
1,10	96	177	237	261	279	285	—	—	303
4,22	91	151	213	231	246	251	—	—	265
8,42	85	114	191	210	226	230	—	—	239
12,67	80	61	156	179	197	202	—	—	212
16,82	69	—	118	146	166	173	—	—	182
20,95	52	—	46	96	122	130	—	—	141
24,05	36	—	—	33	64	76	—	—	84
		30	45	60	102				
		Nr. 11 (102 J. h = 24,5).							
1,07	91	136	161.	172	176	—	—	—	186
4,25	84	100	133	148	153	—	—	—	157
8,45	76	36	100	118	127	—	—	—	131
12,60	67	—	57	91	107	—	—	—	111
16,70	53	—	—	55	88	—	—	—	93
20 87	41	—	—	—	64	—	—	—	68

IV. Buche.

Anlage XVI.

Zusammenstellung der untersuchten Stämme

nach Standort, Alter, durchschnittlichem Raumgewicht und durchschnittlicher Druckfestigkeit.

Stamm-Nummer	Oberförsterei	Jagen bezw. Distrikt	Grundgestein und Boden	Standortsklasse	Alter	Durchschnittliche Druckfestigkeit des ganzen Stammes kg pro qcm	Durchschnittliches spezifisches Trockengewicht des ganzen Stammes
3	Mühlenbeck	168	Diluvium. — Lehmiger Sand, sehr tiefgründig, mässig frisch.	I	84	612	662
4	»	168		I	84	567	694
5	»	170		I	84	561	657
6	»	170		I	84	606	656
7	Harzgerode	38	Grauwacke. — Lehm, mittelgründig, mild, frisch.	II	82	595	701
8	»	38		II	82	635	664
9	Coppenbrügge	47	Dolomit. — Kalk, tiefgründig, mässig frisch.	I	95	569	687
10	»	47		I	95	534	649
11	»	34		I	64	553	671
12	»	34		I	64	554	675
13	»	24		I	110	571	669
14	»	24		I	110	540	630
15	Boeddeken	79	Plänerkalk. — Lehm, mittelgründig, frisch.	I	98	531	660
16	»	79		I	98	600	733
17	»	91		II	143	535	660
18	»	91		II	143	506	654
19	Knobben	123	Buntsandstein. — Sand, mittelgründig, mässig frisch.	IV	117	506	665
20	»	123		IV	117	497	607
21	»	128	Buntsandstein — Sand, tiefgründig, frisch.	III	65	555	651
22	»	128		III	65	520	683

Buche.

Stamm-Nummer	Oberförsterei	Jagen bezw. Distrikt	Grundgestein, Boden und Bestand	Standortsklasse	Alter	Durchschnittliche Druckfestigkeit des ganzen Stammes kg pro qcm	Durchschnittliches spezifisches Trockengewicht des ganzen Stammes
23	Kupferhütte	15	Grauwacke. — Sand, mittelgründig, trocken.	V	137	510	615
24	»	15		V	137	553	658
25	»	15		V	137	530	676
26	»	15		V	137	500	636
27	»	15	Grauwacke. — Sand, mittelgründig, mässig frisch.	IV	137	508	628
28	»	15		IV	137	527	651
29	»	15	Grauwacke. — Sandiger Lehm, mittelgründig, frisch.	III	137	527	586
30	»	15		III	137	518	633
31	»	15	Grauwacke — Lehmiger Sand, mittelgründig, frisch.	II	137	545	682
32	»	15		II	137	545	692
41	Chorin	152	Diluvium. — Lehmiger Sand, sehr tiefgründig, frisch.	II	220	452	675
42	»	152		II	220	458	687
43	»	139		II	200	451	647
44	»	139		II	200	504	676

Anlage XVII.

Hauptübersicht der Einzelbeobachtungen.

Buche.

Höhe am Stamm m	Absolutes Trockengewicht in der Periode 1/30	31/60	61/90	91/120	121/150	151/180	181/210	Absolutes Trockengewicht der Sektion	Spezifisches Lufttrockengewicht der Probekörper a	b	Druckfestigkeit der Probekörper a (kg pro qcm)	b	im Durchschnitt
								Stamm Nr. 3					
1,10	719	683	655	—	—	—	—	674	—	—	574	660	617
4,20	673	664	635	—	—	—	—	652	—	—	654	647	651
8,30	684	657	641	—	—	—	—	650	—	—	610	644	627
12,40	—	711	633	—	—	—	—	668	—	—	580	465*	580*
16,50	—	691	674	—	—	—	—	677	—	—	626	595	611
								Stamm Nr. 4					
1,10	719	725	706	—	—	—	—	717	—	—	557	548	553
4,20	664	684	693	—	—	—	—	687	—	—	578	566	572
8,30	—	699	693	—	—	—	—	694	—	—	533	561	547
12,40	—	698	716	—	—	—	—	710	—	—	555	575	565
16,50	—	654	650	—	—	—	—	650	—	—	620	589	605
								Stamm Nr. 5					
1,10	701	706	683	—	—	—	—	700	—	—	528	617	573
4,20	642	650	620	—	—	—	—	639	—	—	528	608	568
8,30	657	657	613	—	—	—	—	640	—	—	563	554	559
12,40	—	707	635	—	—	—	—	675	—	—	553	587	570
16,50	—	674	627	—	—	—	—	642	—	—	547	415*	547*
20,60	—	—	664	—	—	—	—	664	—	—	645	608	627
								Stamm Nr. 6					
1,10	669	701	692	—	—	—	—	692	—	—	620	632	626
4,20	586	664	642	—	—	—	—	649	—	—	550	598	574
8,30	588	645	637	—	—	—	—	641	—	—	674	628	651
12,40	—	671	659	—	—	—	—	663	—	—	515	624	570
16,50	—	636	644	—	—	—	—	641	—	—	644	531	588
20,60	—	652	644	—	—	—	—	645	—	—	637	665	651

Buche.

Höhe am Stamm	Absolutes Trockengewicht in der Periode							Absolutes Trockengewicht der Sektion	Spezifisches Lufttrockengewicht der Probekörper		Druckfestigkeit der Probekörper		Druckfestigkeit im Durchschnitt
	1/30	31/60	61/90	91/120	121/150	151/180	181/210		a	b	a	b	
m											kg pro qcm		
Stamm Nr. 7													
1,10	707	720	795	—	—	—	—	746	—	—	521	338*	521*
4,24	687	721	713	—	—	—	—	718	—	—	662	627	645
8,33	—	689	649	—	—	—	—	669	—	—	663	576	620
12,43	—	618	660	—	—	—	—	650	—	—	707	680	694
16,53	—	—	699	—	—	—	—	714	—	—	677	570	624
Stamm Nr. 8													
1,10	782	724	681	—	—	—	—	724	—	—	582	542	562
4,20	724	678	648	—	—	—	—	669	—	—	608	896	752
8,30	—	572	653	—	—	—	—	611	—	—	555	520	538
12,40	—	699	649	—	—	—	—	662	—	—	583	678	631
16,20	—	—	703	—	—	—	—	703	—	—	606	610	608
Stamm Nr. 9													
1,60	749	714	675	—	—	—	—	689	—	—	573	574	574
4,80	705	707	695	—	—	—	—	699	—	—	587	598	593
8,00	691	663	644	—	—	—	—	652	—	—	603	581	592
11,10	—	699	670	—	—	—	—	681	—	—	544	555	550
14,30	—	694	698	—	—	—	—	698	—	—	575	571	573
17,50	—	771	680	—	—	—	—	697	—	—	515	536	526
20,60	—	691	637	—	—	—	—	729	—	—	563	521	542
23,80	—	—	650	—	—	—	—	650	—	—	564	574	569
Stamm Nr. 10													
1,50	687	652	639	—	—	—	—	645	—	—	550	561	556
4,80	683	649	636	—	—	—	—	644	—	—	552	595	574
8,00	746	669	653	—	—	—	—	659	—	—	543	548	546
11,20	—	703	634	—	—	—	—	658	—	—	551	456	504
14,30	—	652	659	—	—	—	—	655	—	—	516	512	514
17,50	—	678	641	—	—	—	—	640	—	—	357*	562	562*
20,60	—	707	653	—	—	—	—	654	—	—	530	—	530
23,80	—	—	638	—	—	—	—	639	—	—	550	504	527
Stamm Nr. 11													
1,55	696	693	—	—	—	—	—	692	—	—	555	556	556
4,20	670	633	—	—	—	—	—	641	—	—	595	—	595
6,80	676	662	—	—	—	—	—	664	—	—	546	523	535
9,90	—	667	—	—	—	—	—	667	—	—	573	485	529
13,00	—	678	—	—	—	—	—	679	—	—	566	522	544
15,30	—	691	—	—	—	—	—	693	—	—	598	543	571

Höhe am Stamm	Absolutes Trockengewicht in der Periode							Absolutes Trockengewicht der Sektion	Spezifisches Lufttrockengewicht der Probekörper		Druckfestigkeit der Probekörper		Druckfestigkeit im Durchschnitt
	1/30	31/60	61/90	91/120	121/150	151/180	181/210		a	b	a	b	
m											kg pro qcm		
Stamm Nr. 12													
1,55	664	701	—	—	—	—	—	691	—	—	513	590	552
4,70	694	693	—	—	—	—	—	693	—	—	675	560	620
7,80	656	683	—	—	—	—	—	682	—	—	533	—	533
10,90	—	665	—	—	—	—	—	665	—	—	518	515	517
14,00	—	638	—	—	—	—	—	637	—	—	541	—	541
17,10	—	642	—	—	—	—	—	643	—	—	520	553	537
Stamm Nr. 13													
1,60	751	712	733	690	—	—	—	718	—	—	543	575	559
6,30	690	695	653	675	—	—	—	674	—	—	585	605	595
10,93	—	686	650	641	—	—	—	655	—	—	587	540	564
15,57	—	679	622	622	—	—	—	633	—	—	567	503	535
20,23	—	670	664	642	—	—	—	655	—	—	587	588	588
24,86	—	—	722	677	—	—	—	689	—	—	615	535	575
Stamm Nr. 14													
1,60	671	654	648	645	—	—	—	652	—	—	567	606	587
6,27	724	637	656	628	—	—	—	645	—	—	535	571	553
10,93	—	598	618	610	—	—	—	611	—	—	488	515	502
15,58	—	660	599	591	—	—	—	608	—	—	580	522	551
20,23	—	628	615	606	—	—	—	611	—	—	470	462	466
24,86	—	—	620	607	—	—	—	611	—	—	501	498	500
Stamm Nr. 15													
1,10	713	707	692	667	—	—	—	696	—	—	632	507	570
4,20	613	644	651	635	—	—	—	644	—	—	540	530	535
8,35	—	629	656	634	—	—	—	647	—	—	535	527	531
12,50	—	630	653	654	—	—	—	652	—	—	507	517	512
16,65	—	—	677	657	—	—	—	672	—	—	559	455	507
20,75	—	—	654	654	—	—	—	655	—	—	535	532	534
23,65	—	—	672	665	—	—	—	653	—	—	—	—	—

Buche.

Höhe am Stamm	Absolutes Trockengewicht in der Periode							Absolutes Trockengewicht der Sektion	Spezifisches Lufttrockengewicht der Probekörper		Druckfestigkeit der Probekörper		Druckfestigkeit im Durchschnitt
	1/30	31/60	61/90	91/120	121/150	151/180	181/210				a	b	
m									a	b	kg pro qcm		
Stamm Nr. 16													
1,10	730	748	761	730	—	—	—	749	—	—	660	636	648
4,20	746	738	736	667	—	—	—	732	—	—	580	658	619
8,35	—	726	721	669	—	—	—	718	—	—	647	525	586
12,50	—	736	744	709	—	—	—	736	—	—	574	572	573
16,65	—	733	737	738	—	—	—	740	—	—	651	603	627
20,75	—	—	735	659	—	—	—	719	—	—	560	620	590
24,85	—	—	731	723	—	—	—	731	—	—	—	—	—
Stamm Nr. 17													
1,10	803	695	701	667	650	—	—	685	—	—	539	545	542
4,30	700	734	685	650	649	—	—	674	—	—	592	501	547
8,45	—	683	656	638	689	—	—	660	—	—	546	560	553
12,60	—	690	663	631	614	—	—	640	—	—	543	487	515
15,75	—	—	697	641	628	—	—	654	—	—	532	492	512
18,90	—	—	699	633	625	—	—	640	—	—	471	531	501
23,10	—	—	—	676	648	—	—	651	—	—	—	—	—
Stamm Nr. 18													
1,10	762	699	697	645	642	—	—	681	—	—	513	495	504
4,30	711	729	666	635	615	—	—	671	—	—	532	555	544
8,45	—	672	613	643	618	—	—	636	—	—	540	500	520
11,60	—	682	644	604	611	—	—	629	—	—	512	524	518
14,75	—	681	672	615	639	—	—	642	—	—	522	507	515
18,90	—	—	677	627	602	—	—	623	—	—	550	415	483
23,10	—	—	—	704	690	—	—	717	—	—	—	—	—
Stamm Nr. 19													
1,10	693	675	672	624	—	—	—	671	—	—	471	518	495
4,20	734	661	669	671	—	—	—	666	—	—	539	510	525
8,35	—	715	665	671	—	—	—	687	—	—	508	497	503
12,50	—	682	578	647	—	—	—	624	—	—	462	515	489
15,60	—	—	629	671	—	—	—	654	—	—	—	—	—
Stamm Nr. 20													
1,10	679	656	625	623	—	—	—	642	—	—	549	547	548
4,20	637	607	586	592	—	—	—	599	—	—	532	478	505
7,35	672	600	591	606	—	—	—	600	—	—	494	487	491
10,50	—	579	578	605	—	—	—	592	—	—	483	450	467
14,65	—	—	559	613	—	—	—	603	—	—	445	443	444

Höhe am Stamm	Absolutes Trockengewicht in der Periode							Absolutes Trockengewicht der Sektion	Spezifisches Lufttrockengewicht der Probekörper		Druckfestigkeit der Probekörper		Druckfestigkeit im Durchschnitt
	1/30	31/60	61/90	91/120	121/150	151/180	181/210		a	b	a	b	
m											kg pro qcm		
Stamm Nr. 21													
1,05	689	681	651	—	—	—	—	677	—	—	580	560	570
4,15	640	644	683	—	—	—	—	651	—	—	585	545	565
8,25	—	671	687	—	—	—	—	686	—	—	526	518	522
12,35	—	664	646	—	—	—	—	661	—	—	—	—	—
Stamm Nr. 22													
1,05	713	705	693	—	—	—	—	703	—	—	626	558	592
4,15	643	694	667	—	—	—	—	685	—	—	507	457	482
8,25	797	676	629	—	—	—	—	672	—	—	516	498	507
12,35	—	679	633	—	—	—	—	660	—	—	—	—	—
Stamm Nr. 23													
1,06	743	692	646	629	585	—	—	654	—	—	549	500	525
4,18	—	646	622	584	555	—	—	608	—	—	562	526	544
8,30	—	658	601	614	546	—	—	611	—	—	475	—	475
12,00	—	592	581	570	528	—	—	567	—	—	475	464	469
Stamm Nr. 24													
1,26	689	754	704	702	634	—	—	707	—	—	566	555	560
4,38	—	697	664	654	613	—	—	650	—	—	560	546	553
8,55	—	674	648	603	617	—	—	632	—	—	542	—	542
11,16	—	659	619	598	592	—	—	607	—	—	469	494	482
13,46	—	—	629	648	592	—	—	625	—	—	—	—	—
Stamm Nr. 25													
1,05	661	777	728	691	685	—	—	713	—	—	502	570	536
4,15	—	671	671	650	626	—	—	656	—	—	531	—	531
8,25	—	—	732	666	644	—	—	678	—	—	522	520	521
12,05	—	—	712	667	644	—	—	667	—	—	—	—	—
Stamm Nr. 26													
1,15	597	627	690	712	738	—	—	666	—	—	544	520	532
4,15	667	619	662	567	695	—	—	629	—	—	465	526	496
8,25	—	671	628	579	589	—	—	626	—	—	465	480	473
11,15	—	618	592	577	596	—	—	597	—	—	—	—	—
Stamm Nr. 27													
1,07	601	602	569	547	535	—	—	683	—	—	541	570	556
4,21	665	646	648	654	579	—	—	642	—	—	516	508	512
8,32	—	629	597	582	560	—	—	597	—	—	485	—	485
12,42	—	657	611	589	578	—	—	599	—	—	481	—	481
16,05	—	—	626	606	576	—	—	599	—	—	—	—	—

Buche.

Höhe am Stamm	Absolutes Trockengewicht in der Periode							Absolutes Trockengewicht der Sektion	Spezifisches Lufttrockengewicht der Probekörper		Druckfestigkeit der Probekörper		im Durchschnitt
	1/30	31/60	61/90	91/120	121/150	151/180	181/210		a	b	a	b	
m											kg pro qcm		
Stamm Nr. 28													
1,26	720	692	702	667	620	—	—	674	—	—	496	564	530
4,38	—	658	665	650	607	—	—	651	—	—	583	574	579
8,65	—	649	645	639	623	—	—	638	—	—	505	459	482
12,65	—	—	673	655	576	—	—	633	—	—	515	510	513
15,95	—	—	—	658	667	—	—	663	—	—	—	—	—
Stamm Nr. 29													
1,07	627	628	642	602	557	—	—	624	—	—	996	515	756
4,21	594	602	597	588	522	—	—	586	—	—	482	515	499
8,34	—	599	609	547	526	—	—	574	—	—	462	440	451
12,35	—	—	597	548	533	—	—	562	—	—	340	420	380
Stamm Nr. 30													
1,45	712	696	667	625	635	—	—	667	—	—	522	533	528
4,20	563	645	751	609	604	—	—	664	—	—	433	545	489
8,30	—	647	621	590	604	—	—	617	—	—	546	516	531
12,25	—	609	596	576	583	—	—	588	—	—	550	468	509
16,45	—	—	615	607	606	—	—	610	—	—	495	492	494
Stamm Nr. 31													
1,18	749	725	711	725	691	—	—	719	—	—	530	527	529
4,33	—	678	671	671	641	—	—	667	—	—	585	575	580
9,45	—	666	659	680	663	—	—	668	—	—	582	526	554
13,60	—	721	683	689	674	—	—	688	—	—	539	545	542
16,40	—	—	695	676	660	—	—	674	—	—	528	498	513
20,75	—	—	701	701	663	—	—	687	—	—	522	435	479
25,15	—	—	—	684	668	—	—	673	—	—	—	—	—
Stamm Nr. 32													
1,07	742	703	707	674	663	—	—	697	—	—	454	497	476
4,22	718	697	657	648	656	—	—	669	—	—	525	493	509
8,37	—	714	685	680	660	—	—	687	—	—	565	555	560
12,50	—	714	705	683	674	—	—	693	—	—	535	580	558
17,65	—	—	715	696	684	—	—	700	—	—	562	—	562
22,38	—	—	744	740	691	—	—	721	—	—	574	559	567
25,18	—		—	726	705	—	—	717	—	—	—	—	—

Höhe am Stamm	Absolutes Trockengewicht in der Periode								Absolutes Trockengewicht der Sektion	Spezifisches Lufttrockengewicht der Probekörper		Druckfestigkeit der Probekörper		Druckfestigkeit im Durchschnitt
	1/30	31/60	61/90	91/120	121/150	151/180	181/210	211/240		a	b	a	b	
m												kg pro qcm		
Stamm Nr. 41														
1,11	791	734	700	742	734	570	554	682	664	—	—	—	450	450
4,32	697	736	691	713	722	618	601	824	698	—	—	423	434	429
8,42	—	—	728	720	693	701	604	674	689	—	—	525	471	498
10,60	—	—	—	752	712	639	619	713	686	—	—	439	431	435
15,73	—	—	—	—	676	693	667	723	714	—	—	482	480	481
Stamm Nr. 42														
1,10	—	—	—	732	685	626	586	698	693	—	—	461	501	481
4,30	—	716	700	711	679	611	606	694	682	—	—	454	459	457
8,50	—	714	682	721	665	603	615	656	663	—	—	—	434	434
12,70	—	783	688	682	653	611	594	660	653	—	—	437	436	437
16,87	—	—	774	674	641	620	648	659	660	—	—	454	508	481
21,02	—	—	—	825	625	671	670	738	699	—	—	—	—	—
Stamm Nr. 43														
1,13	795	679	737	672	635	659	666	—	683	—	—	509	458	484
4,29	—	672	689	679	652	673	663	—	672	—	—	475	511	493
9,45	—	607	659	643	622	631	611	—	629	—	—	413	429	421
13,61	—	673	649	618	577	629	559	—	609	—	—	446	444	445
17,77	—	—	704	677	673	617	602	—	645	—	—	420	421	421
22,25	—	—	—	689	636	583	589	—	617	—	—	463	495	479
Stamm Nr. 44														
1,13	739	737	775	747	698	686	699	—	726	—	—	542	515	529
4,29	—	709	772	733	692	671	704	—	715	—	—	551	501	526
8,44	—	657	712	698	739	668	657	—	688	—	—	550	499	525
12,69	—	862	737	682	660	618	629	—	665	—	—	517	392	455
16,94	—	—	703	645	614	615	629	—	632	—	—	512	520	516
21,10	—	—	786	668	607	596	609	—	622	—	—	467	468	468
26,41	—	—	—	724	667	626	642	—	650	—	—	481	500	491

Anlage XVIII.

Raumgewichte

des in den verschiedenen Lebensaltern erzeugten Holzes.

Buche.

Stamm Nr.	a) Trockenvolumen								b) Frischvolumen							
	Spezifisches Trockengewicht in der Periode								Trockengewicht pro Kubikmeter Frischvolumen in der Periode							
	0/30	31/60	61/90	91/120	121/150	151/180	181/210	211/240	0/30	31/60	61/90	91/120	121/150	151/180	181/210	211/240
	Kilogramm								Kilogramm							
3	691	675	647	—	—	—	—	—	590	584	554	—	—	—	—	—
4	690	698	692	—	—	—	—	—	584	583	584	—	—	—	—	—
5	667	675	634	—	—	—	—	—	565	582	542	—	—	—	—	—
6	622	665	651	—	—	—	—	—	526	541	544	—	—	—	—	—
7	703	703	697	—	—	—	—	—	598	595	587	—	—	—	—	—
8	756	660	654	—	—	—	—	—	643	563	525	—	—	—	—	—
9	704	702	681	—	—	—	—	—	594	587	587	—	—	—	—	—
10	688	662	643	—	—	—	—	—	610	570	562	—	—	—	—	—
11	685	668	—	—	—	—	—	—	587	570	—	—	—	—	—	—
12	675	675	—	—	—	—	—	—	575	573	—	—	—	—	—	—
13	723	695	662	661	—	—	—	—	613	587	561	555	—	—	—	—
14	694	637	627	620	—	—	—	—	594	533	537	540	—	—	—	—
15	785	655	662	647	—	—	—	—	685	564	568	556	—	—	—	—
16	736	736	737	698	—	—	—	—	655	645	640	590	—	—	—	—
17	784	705	678	644	646	—	—	—	633	591	571	550	543	—	—	—
18	731	699	655	632	626	—	—	—	634	613	565	547	544	—	—	—
19	707	679	648	658	—	—	—	—	613	605	555	554	—	—	—	—
20	658	615	590	607	—	—	—	—	534	524	504	526	—	—	—	—

Buche.

Stamm Nr.	a) Trockenvolumen								b) Frischvolumen							
	Spezifisches Trockengewicht in der Periode								Trockengewicht pro Kubikmeter Frischvolumen in der Periode							
	0/30	31/60	61/90	91/120	121/150	151/180	181/210	211/240	0/30	31/60	61/90	91/120	121/150	151/180	181/210	211/240
	Kilogramm								Kilogramm							
21	663	657	577	—	—	—	—	—	569	561	573	—	—	—	—	—
22	688	690	656	—	—	—	—	—	575	599	540	—	—	—	—	—
23	751	660	614	602	554	—	—	—	649	566	533	532	506	—	—	—
24	689	707	660	642	615	—	—	—	602	594	556	563	548	—	—	—
25	685	708	703	666	648	—	—	—	566	586	574	561	538	—	—	—
26	616	636	652	607	668		—	—	509	528	547	528	557	—	—	—
27	698	664	627	617	583	—	—	—	582	578	545	518	500	—	—	—
28	712	670	672	650	617	—	—	—	582	554	558	552	530	—	—	—
29	611	608	609	571	532	—	—	—	515	528	529	494	471	—	—	—
30	679	658	653	602	607	—	—	—	582	563	554	523	521	—	—	—
31	755	690	678	686	663	—	—	—	639	559	566	572	554	—	—	—
32	732	712	689	683	674	—	—	—	589	593	574	566	575	—	—	—
41	746	735	716	726	716	636	602	721	611	618	582	600	585	534	509	614
42	721	721	711	709	662	614	616	678	610	610	591	579	548	515	513	562
43	798	643	680	664	641	637	618	—	691	546	568	563	549	541	527	—
44	739	699	746	701	665	640	654	—	635	582	609	582	555	539	552	—

Anlage XIX.

Durchschnittliche Raumgewichte ganzer Stämme

am Ende der verschiedenen Zuwachsperioden.

Buche.

Stamm Nr.	a) Trockenvolumen								b) Frischvolumen							
	Spezifisches Trockengewicht im Alter								Trockengewicht. pro Kubikmeter Frischvolumen im Alter							
	30	60	90	120	150	180	210	240	30	60	90	120	150	180	210	240
	Kilogramm								Kilogramm							
3	691	676	662	—	—	—	—	—	590	585	570	—	—	—	—	—
4	690	697	694	—	—	—	—	—	584	581	583	—	—	—	—	—
5	667	673	657	—	—	—	—	—	565	579	564	—	—	—	—	—
6	622	661	656	—	—	—	—	—	526	539	542	—	—	—	—	—
7	703	703	701	—	—	—	—	—	598	596	592	—	—	—	—	—
8	756	672	664	—	—	—	—	—	643	572	551	—	—	—	—	—
9	704	701	687	—	—	—	—	—	594	587	586	—	—	—	—	—
10	688	666	649	—	—	—	—	—	610	574	568	—	—	—	—	—
11	685	671	—	—	—	—	—	—	587	572	—	—	—	—	—	—
12	675	675	—	—	—	—	—	—	575	573	—	—	—	—	—	—
13	723	699	676	669	—	—	—	—	613	589	573	568	—	—	—	—
14	694	643	630	630	—	—	—	—	594	538	539	538	—	—	—	—
15	785	664	663	660	—	—	—	—	685	571	570	567	—	—	—	—
16	736	735	737	733	—	—	—	—	655	646	641	635	—	—	—	—
17	784	715	687	668	660	—	—	—	633	597	578	564	560	—	—	—
18	731	704	675	662	654	—	—	—	634	616	585	573	565	—	—	—
19	707	635	668	665	—	—	—	—	613	606	581	573	—	—	—	—
20	658	624	606	607	—	—	—	—	534	527	517	521	—	—	—	—

Additional material from *Untersuchungen über Raumgewicht und Druckfestigkeit des Holzes wichtiger Waldbäume, ausgeführt von der preussischen Hauptstation des forstlichen Versuchswesens zu Eberswalde und der Mechanisch-technischen Versuchsanstalt zu Charlottenburg,*
ISBN 978-3-662-37332-3, is available at http//extras.springer.com

Verlag von Julius Springer in Berlin N.

Die forstlichen Verhältnisse Preußens.

Von

Otto von Hagen,

w. Oberlandforstmeister.

Dritte Auflage, bearbeitet nach amtlichem Material

von

K. Donner,

Oberlandforstmeister und Ministerial-Direktor.

In zwei Bänden.

Preis M. 20,—; in 1 Leinwandband geb. M. 21,50; in 2 Leinwandbände geb. M. 22,50.

Die Pflanzenzucht im Walde.

Ein Handbuch

für Forstwirthe, Waldbesitzer und Studierende.

Von

Dr. Hermann Fürst,

k. bayr. Oberforstrath, Direktor der Forstlehranstalt Aschaffenburg.

Dritte vermehrte und verbesserte Auflage.

Mit 52 in den Text gedruckten Holzschnitten. — Preis M. 6,—; in Leinw. geb. M. 7,—

Die Fischerei im Walde.

Ein Lehrbuch der Binnenfischerei für Unterricht und Praxis

von

Hugo Borgmann,

Königl. Preuß. Forstmeister.

Mit 149 in den Text gedruckten Abbildungen. Preis M. 7,—; in Leinw. geb. M. 8,—.

Lehrbuch der Anatomie und Physiologie der Pflanzen

unter besonderer Berücksichtigung der Forstgewächse.

Von

Dr. Rob. Hartig,

Professor der Botanik an der Universität München.

Mit 103 Textabbildungen. Preis M. 7,—; in Leinw. geb. M. 8,—.

Lehrbuch der Baumkrankheiten.

Von

Dr. Robert Hartig,

Professor der Botanik an der Universität München.

Mit 137 Textabbildungen u. einer Tafel in Farbendruck. — In Leinw. geb. Preis M. 10,—

Leitfaden der Holzmeßkunde.

Von

Dr. Adam Schwappach,

Königl. Preuß. Forstmeister und Professor an der Forstakademie zu Eberswalde.

Mit 24 in den Text gedruckten Abbildungen. — Preis M. 3,—; in Leinwand geb. M. 4,—.

Versuche und Erfahrungen

mit

Rothbuchen-Nutzholz

Im Auftrage des Herrn Ministers für Landwirthschaft, Domänen und Forsten

bearbeitet durch

P. v. Alten.

Regierungs- und Forstrath.

Preis M. 1,—.

Die nordamerikanischen Holzarten

und ihre Gegner.

Von **John Booth,**

Verfasser von „Die Douglasfichte" u. s. w.

Mit 2 Tafeln in Lichtdruck. — Preis M. 2,—.

Zu beziehen durch jede Buchhandlung.

Buche.

Stamm Nr.	a) Trockenvolumen								b) Frischvolumen							
	Spezifisches Trockengewicht im Alter								Trockengewicht pro Kubikmeter Frischvolumen im Alter							
	30	60	90	120	150	180	210	240	30	60	90	120	150	180	210	240
	Kilogramm								Kilogramm							
21	663	660	651	—	—	—	—	—	569	563	565	—	—	—	—	—
22	688	689	683	—	—	—	—	—	575	598	586	—	—	—	—	—
23	751	667	638	624	615	—	—	—	649	572	551	542	539	—	—	—
24	689	705	682	667	658	—	—	—	602	596	576	571	568	—	—	—
25	685	705	704	682	676	—	—	—	566	584	576	569	562	—	—	—
26	616	633	643	632	636	—	—	—	509	528	534	534	535	—	—	—
27	698	664	644	634	628	—	—	—	582	575	558	545	540	—	—	—
28	712	674	671	661	651	—	—	—	582	558	557	554	549	—	—	—
29	611	608	609	596	586	—	—	—	515	525	525	514	508	—	—	—
30	679	661	657	639	633	—	—	—	582	568	559	547	543	—	—	—
31	755	688	683	685	682	—	—	—	639	562	565	569	566	—	—	—
32	732	714	699	697	692	—	—	—	589	59	582	574	575	—	—	—
41	746	737	724	723	721	688	673	687	611	617	597	598	591	570	558	575
42	721	721	714	716	695	674	669	672	610	610	597	593	573	561	555	558
43	798	648	667	667	661	655	647	—	691	551	561	561	557	553	548	—
44	739	701	736	722	702	684	676	—	635	583	603	596	581	572	566	—

Anlage XX.

Stammanalysen.

Buche.

Höhe am Stamm m	Zahl der Jahresringe	Rindenloser Durchmesser im Alter							Berindeter Durchmesser mm
		30	60	90	120	150	180	210	
		mm							
		Nr. 3 (84 J.).							
1,10	76	88	196	256	—	—	—	—	263
4,20	68	65	173	228	—	—	—	—	233
8,30	59	24	145	197	—	—	—	—	206
12,40	47	—	117	175	—	—	—	—	181
16,50	39	—	56	136	—	—	—	—	142
		Nr. 4 (84 J.).							
1,10	72	85	202	261	—	—	—	—	268
4,20	66	69	179	242	—	—	—	—	247
8,30	59	16	155	217	—	—	—	—	223
12,40	45	—	117	193	—	—	—	—	198
16,50	35	—	54	145	—	—	—	—	150
		Nr. 5 (84 J.).							
1,10	79	117	230	280	—	—	—	—	286
4,20	72	95	211	256	—	—	—	—	262
8,30	63	55	188	234	—	—	—	—	241
12,40	55	—	149	209	—	—	—	—	215
16,50	43	—	90	160	—	—	—	—	169
20,60	32	—	17	106	—	—	—	—	111
		Nr. 6 (84 J.).							
1,10	76	110	220	279	—	—	—	—	285
4,20	69	83	207	271	—	—	—	—	279
8,30	64	36	173	239	—	—	—	—	246
12,40	54	—	150	214	—	—	—	—	221
16,50	44	—	114	190	—	—	—	—	197
20,60	36	—	41	131	—	—	—	—	137

Höhe am Stamm m	Zahl der Jahresringe	Rindenloser Durchmesser im Alter 30	60	90	120	150	180	210 mm	Berindeter Durchmesser mm
		Nr. 7 (82 J.).							
1,10	75	95	197	250	—	—	—	—	258
4,24	64	39	157	213	—	—	—	—	219
8,33	51	—	120	184	—	—	—	—	190
12,43	40	—	72	147	—	—	—	—	152
16,53	29	—	19	99	—	—	—	—	103
		Nr. 8 (82 J.).							
1,10	74	101	192	237	—	—	—	—	243
4,20	67	62	164	211	—	—	—	—	216
8,30	58	13	133	184	—	—	—	—	190
12,40	41	—	84	166	—	—	—	—	171
16,20	29	—	19	101	—	—	—	—	106
		Nr. 9 (95 J.).							
1,60	88	80	200	290	307	—	—	—	—
4,80	82	66	180	264	280	—	—	—	286
8,00	76	47	168	250	267	—	—	—	274
11,10	69	13	148	235	252	—	—	—	259
14,30	62	—	122	220	239	—	—	—	246
17,50	54	—	95	200	217	—	—	—	223
20,60	49	—	53	171	188	—	—	—	194
23,10	41	—	18	128	144	—	—	—	150
		Nr. 10 (95 J.).							
1.50	84	91	225	326	343	—	—	—	—
4,80	77	66	199	290	306	—	—	—	—
8,00	71	26	182	272	287	—	—	—	295
11,20	64	—	149	244	260	—	—	—	267
14,30	55	—	114	224	243	—	—	—	250
17,50	47	—	56	203	221	—	—	—	226
20,60	40	—	17	157	179	—	—	—	185
23,80	30	—	—	82	107	—	—	—	112
		Nr. 11 (64 J.).							
1,55	57	116	206	223	—	—	—	—	228
4,20	49	101	195	213	—	—	—	—	218
6,80	45	60	178	195	—	—	—	—	200
9,90	37	8	156	177	—	—	—	—	184
13,00	26	—	115	142	—	—	—	—	148
15,30	18	—	44	82	—	—	—	—	85

Buche.

Höhe am Stamm m	Zahl der Jahresringe	Rindenloser Durchmesser im Alter							Berindeter Durchmesser mm
		30	60	90	120	150	180	210	
		mm							
Nr. 12 (64 J.).									
1,55	59	132	206	228	—	—	—	—	233
4,70	52	111	193	211	—	—	—	—	216
7,80	45	49	182	207	—	—	—	—	211
10,90	37	11	163	189	—	—	—	—	194
14,00	30	—	127	152	—	—	—	—	157
17,10	19	—	76	111	—	—	—	—	116
Nr. 13 (110 J.).									
1,60	104	108	233	314	358	—	—	—	366
6,30	93	68	194	278	322	—	—	—	330
10,93	85	21	130	254	296	—	—	—	304
15,57	76	—	123	220	267	—	—	—	275
20,23	60	—	37	160	224	—	—	—	231
24,86	44	—	—	82	154	—	—	—	161
Nr. 14 (110 J.).									
1,60	100	98	233	324	372	—	—	—	381
6,27	90	64	208	294	340	—	—	—	349
10,93	81	—	172	270	316	—	—	—	326
15,58	68	—	105	230	278	—	—	—	286
20,23	56	—	26	187	246	—	—	—	255
24,86	42	—	—	102	179	—	—	—	186
Nr. 15 (98 J.).									
1,10	92	69	189	277	294	—	—	—	301
4,20	80	47	163	252	270	—	—	—	277
8,35	68	—	135	230	248	—	—	—	255
12,50	53	—	85	211	229	—	—	—	236
16,65	42	—	16	164	189	—	—	—	196
20,75	32	—	—	107	132	—	—	—	137
23,65	23	—	—	56	80	—	—	—	84
Nr. 16 (98 J.).									
1,10	91	85	198	274	286	—	—	—	291
4,20	83	64	182	255	267	—	—	—	273
8,35	71	10	163	240	252	—	—	—	257
12,50	64	—	122	220	233	—	—	—	239
16,65	51	—	46	182	199	—	—	—	205
20,75	39	—	—	133	150	—	—	—	155
24,85	27	—	—	62	84	—	—	—	88

Buche.

Höhe am Stamm m	Zahl der Jahresringe	Rindenloser Durchmesser im Alter							Berindeter Durchmesser mm
		30	60	90	120	150	180	210	
		mm							
		Nr. 17 (143 J.).							
1,10	134	86	171	278	352	392	—	—	400
4,30	120	36	137	241	310	349	—	—	356
8,45	109	—	116	218	283	319	—	—	327
12,60	96	—	52	180	253	288	—	—	296
15,75	86	—	7	140	219	259	—	—	266
18,90	77	—	—	82	165	213	—	—	225
23,10	47	—	—	—	51	126	—	—	131
		Nr. 18 (143 J.).							
1,10	135	86	223	305	357	390	—	—	399
4,30	125	70	206	286	334	363	—	—	371
8,45	117	8	171	261	315	344	—	—	352
11,60	108	—	114	220	282	317	—	—	326
14,75	98	—	60	169	232	272	—	—	281
18,90	87	—	—	98	172	228	—	—	235
23,10	65	—	—	13	68	116	—	—	121
		Nr. 19 (117 J.).							
1,10	107	103	198	248	277	—	—	—	284
4,20	96	44	164	215	247	—	—	—	254
8,35	85	—	132	186	219	—	—	—	226
12,50	75	—	69	131	176	—	—	—	183
15,60	63	—	—	83	129	—	—	—	134
		Nr. 20 (117 J.).							
1,10	107	99	175	216	266	—	—	—	273
4,20	101	68	147	188	237	—	—	—	244
7,35	94	27	125	167	214	—	—	—	220
10,50	84	—	88	136	187	—	—	—	194
14,65	71	—	24	72	148	—	—	—	153
		Nr. 21 (65 J.).							
1,05	60	91	191	211	—	—	—	—	215
4,15	51	68	170	188	—	—	—	—	192
8,25	41	22	141	158	—	—	—	—	164
12,35	28	—	98	120	—	—	—	—	125

Buche.

Höhe am Stamm m	Zahl der Jahresringe	Rindenloser Durchmesser im Alter 30	60	90	120	150	180	210 (mm)	Berindeter Durchmesser mm
Nr. 22 (65 J.).									
1,05	57	75	191	211	—	—	—	—	216
4,15	49	58	169	185	—	—	—	—	190
8,25	38	30	145	160	—	—	—	—	165
12,35	27	—	85	106	—	—	—	—	110
Nr. 23 (137 J. h = 18,8).									
1,06	124	67	140	190	228	243	—	—	249
4,18	116	35	118	163	198	211	—	—	218
8,30	103	—	83	131	168	180	—	—	187
12,00	91	—	37	91	132	147	—	—	153
Nr. 24 (137 J. h = 18,9).									
1,26	124	73	143	177	218	232	—	—	240
4,38	112	15	119	152	198	217	—	—	224
8,55	98	—	81	130	176	188	—	—	195
11,16	90	—	54	109	150	169	—	—	177
13,46	81	—	13	61	86	99	—	—	105
Nr. 25 (137 J. h = 16,3).									
1,05	124	38	74	133	176	193	—	—	201
4,15	110	11	61	122	160	176	—	—	184
8,25	82	—	8	73	123	141	—	—	147
12,05	64	—	—	24	62	81	—	—	86
Nr. 26 (137 J. h = 16,2).									
1,15	127	80	137	172	192	201	—	—	208
4,15	118	43	120	152	173	182	—	—	189
8,25	104	—	83	120	138	146	—	—	154
11.15	96	—	51	82	103	111	—	—	118
Nr. 27 (137 J. h = 20,9).									
1,07	128	79	170	229	261	273	—	—	279
4,21	119	49	143	203	238	251	—	—	257
8,32	106	—	103	174	210	222	—	—	229
12,42	95	—	46	119	171	189	—	—	195
16,05	76	—	—	42	87	109	—	—	114

Höhe am Stamm m	Zahl der Jahresringe	Rindenloser Durchmesser im Alter 30	60	90	120	150	180	210	Berindeter Durchmesser mm
		mm							
		Nr. 28 (137 J. h = 21,0).							
1,26	126	54	105	185	244	266	—	—	272
4,38	117	26	86	160	219	239	—	—	245
8,65	101	—	39	126	191	213	—	—	220
12,65	67	—	—	50	149	178	—	—	184
15,95	49	—	—	6	71	105	—	—	109
		Nr. 29 (137 J. h = 25,9).							
1,07	131	86	152	226	270	289	—	—	297
4,21	122	48	129	197	239	256	—	—	263
8,34	107	—	93	163	205	222	—	—	229
12,35	90	—	32	108	158	176	—	—	182
		Nr. 30 (137 J. h = 25,8).							
1,45	128	94	169	234	272	288	—	—	295
4,20	121	54	153	218	255	271	—	—	277
8,30	110	8	123	188	220	238	—	—	245
12,25	98	—	84	154	200	219	—	—	226
16,45	83	—	17	72	130	159	—	—	165
		Nr. 31 (137 J. h = 32,4).							
1,18	123	64	183	267	328	351	—	—	359
4,33	115	32	167	259	320	343	—	—	351
9,45	101	—	113	213	279	304	—	—	312
13,60	88	—	53	178	254	282	—	—	291
16,40	80	—	9	131	222	250	—	—	257
20,75	68	—	—	78	176	210	—	—	217
25,15	48	—	—	4	87	125	—	—	131
		Nr. 32 (137 J. h = 31,9).							
1,07	132	125	228	292	337	354	—	—	365
4,22	121	75	194	268	312	330	—	—	340
8,37	107	—	129	219	270	290	—	—	298
12,50	93	—	78	185	244	270	—	—	279
17,65	75	—	—	115	190	227	—	—	236
22,38	61	—	—	42	126	163	—	—	170
25,18	47	—	—	—	77	116	—	—	122

Buche.

Höhe am Stamm m	Zahl der Jahresringe	Rindenloser Durchmesser im Alter								Berindeter Durchmesser mm
		30	60	90	120	150	180	210	240	
		mm								
		Nr. 41 (220 J.).								
1,11	213	80	152	194	270	373	456	496	551	575
4,32	202	55	140	176	260	339	417	446	490	511
8,42	193	10	105	152	232	300	370	401	448	470
10,60	174	—	35	65	137	184	234	275	362	385
15,73	133	—	—	8	51	70	111	135	180	194
		Nr. 42 (220 J.).								
1,10	209	52	158	235	336	434	480	502	587	604
4,38	200	27	127	192	339	384	429	449	517	536
8,50	190	—	105	175	269	357	406	427	487	504
12,70	175	—	50	150	228	308	363	391	432	453
16,87	165	—	9	91	155	265	274	300	347	364
21,02	123	—	—	—	42	81	119	145	169	180
		Nr. 43 (200 J.).								
1,13	200	76	179	240	291	318	354	391	—	406
4,29	192	45	162	226	273	301	336	372	—	387
9,45	182	2	130	197	249	279	314	349	—	363
13,61	172	—	88	219	229	253	289	323	—	337
17,77	162	—	33	102	155	206	253	293	—	307
22,55	137	—	—	27	85	144	185	229	—	242
		Nr. 44 (200 J.).								
1,13	200	42	117	253	262	304	335	385	—	400
4,29	190	24	102	185	239	277	317	355	—	369
8,44	178	—	82	163	215	249	278	320	—	335
12,69	165	—	53	144	199	232	267	303	—	318
16,94	148	—	—	103	124	203	234	276	—	290
21,11	136	—	—	49	110	156	197	242	—	258
26,41	123	—	—	3	47	89	127	178	—	190

Erläuterungen
zu Tafel I.

Die hier befindlichen Schaulinien stellen Durchschnittswerthe aus folgenden Stämmen vor:

1. Westerhof, Stamm Nr. 44, 45, 46, 47.
2. Thüringen, Altersklasse 111—180, I.—III. Standortsklasse, Stamm Nr. 28, 29, 30, 31, 33.
3. Harz, Altersklasse 151—180, I.—III. Standortsklasse, Stamm Nr. 52, 53, 54, 55, 56, 57.
4. Oberbayern, { Forstenried, Stamm II, III, IV (Hartig, Forstl. naturwissenschaftl. Zeitschrift 1892, S. 219). Freising, Stamm I, II, III (Bertog, Forstl. naturwissenschaftl. Zeitschrift 1895, S. 219).
5. Bayrischer Wald, Gruppe 4 und 6 (Hartig, Forstl. naturwissenschaftl. Zeitschrift 1893, S. 51).
6. Schlesien, Ebene, 91—180jährig, Stamm Nr. 19, 20, 21, 22, 23, 24, 25, 26, 27.
7. Schlesien, Gebirge, I. Standortsklasse, Stamm Nr. 5, 6, 7, 8, 13, 14, 15, 16, 17.
8. Schlesien, Gebirge, III. Standortsklasse, Stamm Nr. 9, 10, 11, 12.
9. Bayrischer Wald, Gruppe 1 und 2, Kahlhieb (Hartig, Forstl. naturwissenschaftl. Zeitschrift 1893, S. 51).
10. Bayrischer Wald, Gruppe 7 bei 1200 m Höhe (Hartig, Forstl. naturwissenschaftl. Zeitschrift 1893, S. 51).